PAUL JOHANNES BAUMGARTNER

Das Geheimnis der

Begeisterung

Mehr Leidenschaft.
Mehr Umsatz.
Mehr Erfolg.

Mit einem Vorwort von
Prof. Dr. Dr. h. c. mult. Hermann Simon

Bibliografische Information der Deutschen Nationalbibliothek

Die Deutsche Nationalbibliothek verzeichnet diese Publikation
in der Deutschen Nationalbibliografie; detaillierte bibliografische
Daten sind im Internet über http://dnb.d-nb.de abrufbar.

ISBN 978-3-86936-590-9

Lektorat: Eva Gößwein, Goldbach
Umschlaggestaltung: Martin Zech Design, Bremen | www.martinzech.de
Coverfoto: Brechenmacher Baumann
Satz und Layout: Das Herstellungsbüro, Hamburg | www.buch-herstellungsbuero.de
Druck und Bindung: Salzland Druck, Staßfurt

Copyright © 2014 GABAL Verlag GmbH, Offenbach

www.gabal-verlag.de

Inhalt

Vorwort von Prof. Dr. Dr. h. c. mult. Hermann Simon

Ist Begeisterung eine wirtschaftliche Größe? Kann man sie messen, vielleicht sogar in Euro und Cent angeben? Es wäre eine schöne Vorstellung, wenn sich in den Geschäftsberichten der Unternehmen auch eine Art Begeisterungskennzahl fände. Begeisterung der Mitarbeiter, des Managements, der Kunden – alles solide gemessen und mittels einer geheimnisvollen Formel auf eine Zahl gebracht. Die Verwunderung an der Börse, in den Medien und anderswo wäre sicher groß, zählen in der Wirtschaft doch bislang nur harte Fakten: Umsatzrenditen, Verkaufszahlen, Preisstatistiken. Die Emotionen der Kunden spiegeln sich in ihnen kaum wider, so sollte man vermuten. Wirklich nicht? Unumstritten ist, dass die sogenannte Stimmung im Lande Einfluss auf die Konjunktur hat. Mal steigt der Konsum, weil die Verbraucher optimistisch nach vorne blicken und bei ihnen das Geld locker sitzt. Mal sinkt er, weil dunkle Wolken am emotionalen Horizont aufgezogen sind. Wenn Stimmungen volkswirtschaftlich so relevant sind, ist es nahe liegend, ihnen auch betriebswirtschaftlich mehr Beachtung zu schenken. Immerhin ermitteln viele Unternehmen seit Jahren fleißig die Zufriedenheit ihrer Kunden und verlassen sich hierbei weitgehend auf mehr oder minder gefühlsgeleitete Aussagen der Befragten.

Zufriedenheit reicht nicht, begeistert sollen die Kunden sein! Als Fans einer Marke kaufen sie nämlich auch dann, wenn die allgemeine Stimmung eingetrübt ist. Das wären wohl die Argumente, die Paul Johannes Baumgartner an dieser Stelle einwerfen würde. In seinem Buch geht es ihm um die Frage, was Kundenbegeisterung ausmacht, wie man sie weckt und welche Wirkung sie hat – auf Menschen und auf Umsätze.

Wer andere begeistern will, muss zunächst einmal selbst begeistert sein – dieser Maxime folgend ist das vorliegende Buch geschrieben. Man spürt auf jeder Seite, dass der Autor ein leidenschaftlicher Verfechter des emotionalen Marketings ist und all die Regeln und Tipps, die er seinen Lesern an die Hand gibt, selbst beherzigt.

Mit vielen Beispielen aus der Praxis illustriert Paul Johannes Baumgartner sein Konzept der Kundenbegeisterung. Als Unternehmen, die es perfekt verstehen, ihre Kunden immer wieder zu begeistern, sieht er jedoch nicht nur allseits bekannte Marken wie Apple oder IKEA. Für ihn sind es auch die kleine Vodafone-Filiale in Hamburg, das Helikopter-Unternehmen auf Mallorca oder das Restaurant Troisgros im französischen Roanne. Kleine und mittlere Hidden Champions aus dem Mittelstand also, die es auf ihre Art und Weise meisterhaft verstehen, die Erwartungen ihrer Kunden immer wieder zu übertreffen. Für die Umsetzung in der Praxis ergeben sich daraus ermutigende Impulse: Man muss kein globaler Konzern mit großen Budgets sein, um seine Kunden positiv zu überraschen. Freundlichkeit kann ich mir leisten, sie kostet nichts und bringt am meisten. Oftmals sind es die kleinen, gar nicht so kostspieligen Gesten und Botschaften, die den Unterschied machen im Wettbewerb um die Herzen und Geldbörsen der Verbraucher. Praktiker aus dem Mittelstand werden deshalb bei der Lektüre eine Fülle an Anregungen für ihren Alltag sammeln können.

Wenn hierzulande von der »Servicewüste Deutschland« die Rede ist, ist das sicherlich ein ebenso harsches wie ungerechtes Urteil. Doch ein größeres Maß an Leidenschaft bei den Dienstleistern und strahlendere Gesichter bei den Konsumenten täten uns allen gut. Ich wünsche dem Buch daher viele begeisterte Leser.

Hermann Simon
Bonn, im August 2014

Einführung: Erfolgreich begeistern!

»Ich bin da emotionslos« – diesen Satz hört man im Business-Alltag häufig. Doch genau das Gegenteil sollte der Fall sein. Wir brauchen Mutarbeiter anstelle von Mitarbeitern! Wir brauchen Menschen, die brennen! Menschen, die eine Idee nicht nur vorstellen, sondern mit »passion« und »pride« inszenieren, die ein Produkt oder eine Dienstleistung nicht nur verkaufen, sondern ihre Aufgabe mit Feuer und Leidenschaft ausführen, ja, die lieben, was sie tun! Wer liebt, was er tut, kann auch andere mitreißen: Kollegen, Freunde, Chefs und Kunden.

Begeisterung ist kein nettes Gimmick, Begeisterung ist seit jeher die Triebfeder für menschliche Höchstleistungen. Ohne Begeisterung wäre nie Großes zustande gebracht worden. Begeisterung ist ein ziemlich interessanter Wirtschaftsfaktor. Sie ist Dreh- und Angelpunkt einer kompletten Wertschöpfungskette, die idealerweise beim Unternehmer beginnt: Unternehmer begeistern ihre Führungskräfte, diese begeistern ihre Mitarbeiter und jene wiederum ihre Kunden. Das Ergebnis – und hier schließt sich der Kreis – pusht das Unternehmen, die Chefs, Führungskräfte und Mitarbeiter.

> **Begeisterung ist seit jeher die Triebfeder für menschliche Höchstleistungen. Ohne Begeisterung wäre nie Großes zustande gebracht worden.**

Und jetzt kommt das Spannende an der Sache: Wer einmal andere Menschen begeistert hat, will mehr! Denn wenn Sie Menschen begeistern, bekommen Sie das zurück, wovon Sie nie genug haben können: Energie und Selbstbestätigung, weil sich Ihr Gegenüber gesehen und wertgeschätzt fühlt.

Ihre Kunden kennen Sie selbst am besten. Sie allein wissen, wie Ihre Branche tickt, was generell gut funktioniert und was eher nicht. Was

Der Begeisterungskreislauf

Sie von mir in diesem Buch bekommen, sind zahlreiche Impulse, Denkanstöße, persönliche Erfahrungen, Strategien, Philosophien und viele tolle Ideen, wie Sie mit Begeisterung Ihren Erfolg beschleunigen können.

Ich glaube daran, dass Begeisterung ein Unternehmen einzigartig und erfolgreich macht. Begeisterung sollte in jeder Firmen-DNA verankert sein. Und wenn Sie am Ende der Lektüre sagen: »Was für ein tolles, inspirierendes und persönliches Buch!« – dann bin *ich* begeistert. Begeisterung ist alles, ohne Begeisterung ist alles nichts.

Herzlichst, Ihr

Paul Johannes Baumgartner

KUNDEN BEGEISTERN:

Vom Kunden zum Fan

Haben Sie das schon mal erlebt? Sie stehen in einer Arena, einer Halle und verfolgen das Konzert Ihrer Lieblingsband oder eine Partie Ihrer favorisierten Fußball-, Handball- oder Eishockey-mannschaft. Sie gehen mit, sind voll dabei, erleben Höhenflüge, Spannung, Euphorie und erzählen am nächsten Tag Ihrer Familie, Freunden oder Ihren Kollegen von diesem ganz besonderen Erlebnis. Hand aufs Herz: Musste man Sie locken, um zu diesem Event zu gehen? Nein! Denn als Fan kommen Sie immer freiwillig. Sie versetzen – wenn es sein muss – Berge, um auch den unmöglichsten Termin wahrzumachen, um bei dem Gig oder dem Spiel dabei sein und mitfiebern zu können. *Kunden muss man locken – Fans kommen von allein.*

Fans sind mit Leidenschaft und Freude bei der Sache. Sie nehmen Widrigkeiten in Kauf, wie zum Beispiel den Stau auf dem Weg zum Event, Warteschlangen an den Dixies, teure Tickets und Wucherpreise für ein halbwarmes Bier im Plastikbecher etc. Aus welchem Grund? Weil das Vertrauen stimmt. Wegen der Verbundenheit und der emotionalen Nähe zu ihrer Band, ihrem Club. *Kunden geben ihr Geld, Fans geben ihr Herz.*

> Vertrauen und emotionale Verbundenheit machen aus Kunden Fans.

Warum sonst dekorieren sich Fans mit allen möglichen Merchandising-Artikeln ihres Clubs, egal, ob es Schals in krassen Farben, Hütchen oder T-Shirts sind? Manche malen sich gar die Vereinsfarben plakativ ins Gesicht und schrecken auch nicht davor zurück, sich das Logo ihrer Motorradmarke auf den Oberarm zu tätowieren. Wow, was für ein Zeichen der Verbundenheit, finden Sie nicht? *Kunden sind Kritiker, Fans sind Werbeträger.*

Fans fühlen sich mit ihrer Marke verbunden. Und wenn mal etwas schiefgeht, zum Beispiel, weil die Fußballmannschaft oder die Band nicht ihren besten Tag erwischt hat – Fans vergeben das. *Kunden reklamieren, Fans verzeihen.*

DER KLEINE, FEINE UNTERSCHIED:
- **Kunden muss man locken, Fans kommen von allein.**
- **Kunden geben ihr Geld, Fans geben ihr Herz.**
- **Kunden sind Kritiker, Fans sind Werbeträger.**
- **Kunden reklamieren, Fans verzeihen.**

Kundenbegeisterung ist wichtiger denn je

Treue Fans hinter sich zu haben ist für ein Unternehmen ein unschätzbar wertvolles Kapital. Vor allem in einer Zeit, in der Waren und Dienstleistungen mehr als austauschbar geworden sind. Wundern Sie sich vor den Regalwänden im Supermarkt gelegentlich nicht auch, wie groß das Warenangebot heute ist? Wie schnell Moden kreiert werden und Abwandlungen und Me-too-Produkte aus dem Boden schießen? Erinnern wir uns doch nur an die Kaffeekapseln, die mittlerweile fast alle Kafferöster anbieten. Oder das Wasser mit Minz-, Lemon- oder einem anderen Wellness-Geschmack – ebenfalls von allen Wettbewerbern gleichermaßen als Lücke im eigenen Angebot entdeckt und geschlossen. Dem Jahresbericht des Deutschen Patent- und Markenamtes zufolge wurden 2012 knapp 59 849 Marken angemeldet und 53 862 Geschmacksmuster. Im Jahre 1990 lag die Gesamtzahl noch bei zirka 30 000. Das bedeutet eine Vervierfachung innerhalb der letzten 20 Jahre.

Warum Kunden gleich zu Fans machen?

Warum die Latte noch höher legen, wo doch das Leben und das Arbeitsumfeld sowieso schon so hektisch und hochtourig laufen? Diese Frage wird mir immer wieder gestellt, und: »Reicht es nicht aus, wenn Kunden gut bedient werden und zufrieden sind?« Meine Antwort: »Wenn es Ihr Unternehmen in Zukunft noch geben soll, nein.« Zu den Gewinnern werden diejenigen Unternehmen zählen, die bereit sind, mehr zu leisten, die ihren Kundenstamm nicht nur verwalten, sondern proaktiv managen, die sich wirklich für die Bedürfnisse ihrer Kunden interessieren und diese ernst nehmen.

Immer noch verlieren Unternehmen zu 68 Prozent wegen mangelnder Servicequalität Kunden. Dabei ist Service per se kein Begeisterungsfaktor, sondern wird vom Kunden zu Recht als selbstverständlich vorausgesetzt. »Kundenzufriedenheit« ist das Feigenblatt, mit dem viele Unternehmen ihr Gewissen beruhigen.

Tatsächlich gibt es, tippt man das Wort »Kunden*zufriedenheitsstatistik*« bei der Suchmaschine »Google« ein, über 2000 Treffer zu diesem Thema. Geben Sie stattdessen den Begriff »Kunden*begeisterungsstatistik*« ein, erhalten Sie lediglich zwei Treffer, und beide führen zu einem mir sehr gut bekannten Unternehmen. Die Erkenntnis daraus? Es ist noch eine Menge Luft nach oben.

Für mich ist keine Frage, ob sich Unternehmen verändern müssen – die Frage ist vielmehr, ob sie es schnell genug tun. Starten Sie daher in eine neue, vielversprechende Ära! Kundenzufriedenheit war gestern, Kundenbegeisterung ist die Zukunft! Wenn ich begeistert bin, dann hat mich etwas in seinen Bann gezogen, dann will ich mehr, dann bin ich loyal und auch mal nachsichtig. Kundenbegeisterung stellt die stärkste Bindung zwischen Kunden und Unternehmen her. Sie setzt enorm viel Kreativität, ein erneutes Haben-Wollen und sogar Glücksgefühle frei. Die Vorzüge der Kundenbegeisterung sind bekannt:

Das Halten eines Kunden ist nachweislich betriebswirtschaftlich sinnvoller als das Gewinnen. Begeisterte langjährige Kunden und damit Fans sind leichter einschätzbar und verursachen einen geringeren Dienstleistungs- und Serviceaufwand. Sie sind weniger preissensibel, weil ein Vertrauensverhältnis zum Unternehmen besteht.

Erste Unternehmen sind bereits aktiv. Mit »Werde jetzt Fan« und der Einladung, eine Woche im Familienressort zu gewinnen, umgarnt der

Club Med Facebook-Nutzer im Netz. »Delight your customers« heißt bei der Deutschen Telekom der Slogan eines Trainingsprogramms für Führungs- und Nachwuchskräfte, und der Automobilhersteller Audi hat Kundenbegeisterung in seiner »Strategie 2020« gar als Unternehmensziel ausgegeben: »Wir begeistern Kunden weltweit durch Kompetenz, Leidenschaft und Schnelligkeit, durch innovative und emotionale Produkte und durch das beste Markenerlebnis.« Damit gibt das Unternehmen schon mal die Marschrichtung für die Zukunft vor. Und Rupert Stadler, der derzeitige Vorstandsvorsitzende von Audi, hat auch eine Vision, wie die Ingolstädter diese Kundenbegeisterung erreichen wollen: »Überraschung, Überzeugung und persönliche Betreuung – das sind für mich die drei Schlüssel zum künftigen unverwechselbaren Audi-Markenerlebnis.« Dieses neue Ziel, Kunden nicht mehr nur zufriedenzustellen, sondern begeistern zu wollen, wird für Unternehmen, die Branchenführer sind oder sein wollen, immer wichtiger.

Begeisterung beginnt bei der Erwartungshaltung

Auch wenn es immer wieder Menschen gibt, die von sich behaupten, sie würden mit der Philosophie »k. E.« (»keine Erwartungen«) gut durchs Leben kommen – ich glaube ihnen das nicht. Jeder von uns kennt sie, jeder von uns verflucht sie gelegentlich, aber jeder von uns hat sie: Erwartungen, die erfüllt, aber auch enttäuscht werden können. Eine bestimmte Hoffnung, Dingen, Situationen und Personen gegenüber, sich so zu verhalten, wie wir uns das wünschen. Ohne Erwartungen geht es nicht, sie gehören zu unserem Leben einfach dazu. Und darin liegt Ihre erste Chance, wenn Sie andere Menschen begeistern möchten: Warum Erwartungen erfüllen, wenn man sie auch übertreffen kann?

Begeisterung ist ein strategisches Spiel mit der Erwartungshaltung Ihres Gegenübers. Um Ihnen das zu verdeutlichen, habe ich folgende Begeisterungsformel entwickelt:

Begeisterung = Erwartungshaltung + X.
Verkürzt ausgedrückt: **B = E + X**

Die Begeisterungsformel

Das **E**, also die Erwartungshaltung, ist die Basis für Begeisterung. Die Erwartungshaltung des Gegenübers will als Erstes erforscht werden. Durch Analysen, aktives Zuhören im Gespräch oder durch gezieltes Nachfragen wie » Was ist Ihre konkrete Erwartungshaltung an mich?« oder » Wie müsste ein Produkt oder eine Dienstleistung aussehen, damit Sie sagen ›Das begeistert mich‹?« Oder Sie klopfen in einer Umfrage unter Ihren A-Kunden die Erwartungshaltung per Mailing (postalisch oder digital) ab, verbunden mit einem kleinen Gewinnspiel.

Das **X** steht für die Aktion, mit der Ihr Gegenüber nicht rechnet. Das X ist das Add-on. Die Dreingabe. Der Bonus. Die Extrameile. Der unerwartete Special Effect, der ähnlich wie bei einer Bühnenshow die Besucher staunen lässt. Ist X erfüllt, kommt es zum Euphorie-Kick, den wir Menschen möglichst oft erleben wollen. Denn: Begeisterung macht aufgrund der im Gehirn ausgeschütteten Hormone süchtig nach mehr.

Aus der Formel **B = E + X** ergibt sich die auf der nächsten Seite abgebildete Begeisterungsmatrix. Egal, ob Sie Ihre persönliche Performance beim Kunden verbessern möchten oder eine begeisternde Kundenveranstaltung planen, ein Produkt oder eine Dienstleistung optimieren wollen: Wenn Sie in der Matrix hinter mindestens einen Parameter ein Häkchen setzen können, haben Sie schon den ersten Schritt in Richtung Begeisterung gemacht.

B = E + X

Was bringt X *mehr*?

Ist X **einzigartig**?

Ist X **maßgeschneidert**?

Kommt X **überraschend**?

Die Begeisterungsmatrix

X = Mehrwert
X = USP, Alleinstellungsmerkmal
X = customer tailored, individualisiert
X = be surprising (zeitlich und / oder inhaltlich)

Ein Beispiel: Bei einem Unternehmerseminar, bei dem ich als Teilnehmer dabei sein durfte, legte das Servicepersonal des Hotels in der Kaffeepause neben jede Brille beziehungsweise neben jedes Brillenetui zur Überraschung aller ein kleines Brillenputztuch.

Mehrwert: saubere Brille, Durchblick

Einzigartig (USP): Ich war schon in vielen Seminarräumen, noch nie lag neben meinem Brillenetui ein Brillenputztuch.

Maßgeschneidert: Die Tücher wurden nicht nach dem Gießkannenprinzip verteilt, sondern nur den Brillenträgern hingelegt.

Überraschend: Oh ja! Sie hätten mal die Reaktion der Seminarteilnehmer / -innen erleben sollen, als diese zurück in den Raum kamen.

Den höchsten Grad an Begeisterung erzielen Sie, wenn in der Begeisterungsmatrix alle vier Faktoren zusammentreffen. Doch auch nur einer dieser Katalysatoren kann schon helle Freude hervorrufen. Am einfachsten begeistern Sie durch den Mehrwert. Allerdings: Was nützt der tollste Mehrwert, wenn er nicht kommuniziert wird? *Erkennung* ist das eine, *Kommunikation* das andere. Hier ist das Unternehmen, sind vor allem die Mitarbeiter gefragt. Produkte haben keinen Mund, keine Sprache, sie springen dem Kunden nicht auf den Schoß, schauen ihn mit großen Augen an und flöten zärtlich:»Gehen wir zu Dir?« Den Mehrwert müssen die Mitarbeiter ihren Kunden nahebringen.

Eine weitere wichtige Rolle spielt die Individualisierung. Wer träumt nicht von einer Lösung, die speziell auf seine Bedürfnisse zugeschnitten ist? Ich stehe auf dem Standpunkt: Ein Business-Problem kann nicht mit einer Standardlösung erschlagen werden.

Der größte Hebel in der Begeisterungsmatrix liegt im Überraschungsmoment, Verblüffung hat am meisten Power. Wenn Sie Ihrem Kunden im Monat Dezember eine Weihnachtskarte schicken, dann ist das mit hoher Wahrscheinlichkeit kein Begeisterungsfaktor. Macht ja fast jeder. Wenn Sie Ihrem Kunden aber eine Weihnachtskarte an dem Tag senden, an dem die Kundenbeziehung entstanden ist, erregt das Aufsehen. Und wenn Ihr erster gemeinsamer Deal an einem Sommertag Ende Juli abgeschlossen wurde – umso besser! Ich bin mir sicher, Ihr Kunde hat noch nicht so viele Weihnachtskarten an einem Julitag bekommen, bei 28 Grad Celsius, blauem Himmel und strahlendem Sonnenschein. Wenn Ihre Kunden sagen »Hut ab, das hätte ich jetzt nicht erwartet!«, dann haben Sie einen Volltreffer gelandet.

Überraschen Sie Ihre Kunden – Verblüffung hat am meisten Power!

Begeisterung – eine große Emotion mit Verfallsdatum

Jetzt kommt das große ABER: Der Zauber, der Effekt jeder Begeisterung nutzt sich ab. Das sollten wir uns immer vor Augen halten: Die Gewöhnung ist der Killer jeder Begeisterung. Wenn Sie zum Beispiel im nächsten Jahr demselben Kunden am selben (warmen) Julitag wieder eine Weihnachtskarte schicken, dann würden Sie genau das Gegenteil erzeugen. Das Gegenteil von Begeisterung ist Enttäuschung.

Wenn Sie sich also einmal für den lukrativen und spannenden Weg der Kundenbegeisterung entschieden haben, seien Sie sich dieser Logik bewusst:

Was den Kunden heute begeistert, ist morgen für ihn normal und übermorgen selbstverständlich.

Der Gewöhnungseffekt macht sich schneller breit, als wir denken. Was heute durch alle Fahrzeugklassen eine Selbstverständlichkeit ist, war 1981 eine Sensation: Der Automobilhersteller Mercedes stellte damals auf dem Genfer Automobilsalon den ersten Airbag vor. 1981 noch ein Begeisterungsmerkmal, das jeder Autokäufer haben wollte. Im Laufe der Zeit wurde der Airbag zu einem Leistungsmerkmal, mit dem sich nach und nach alle Automobilhersteller schmückten. Heute gehört er zur Standardausrüstung eines jeden Autos. Ich stelle mir gerade lebhaft vor, wie Sie schauen würden, wenn Ihr Autoverkäufer mit leuchtenden Augen verkünden würde: »Übrigens, Ihr Auto hat auch Airbag!« Soso ...

Ja, Kunden werden anspruchsvoller, fordern Ihre Kreativität heraus. Immer und immer wieder aufs Neue. Für jemanden, der mit Spaß und Freude, also begeistert arbeitet, ist das eine anregende und nie langweilig werdende Aufgabe.

Beflügelnde Spielregeln

Regel 1: DU bist der größte Begeisterungsfaktor!

DU, Deine Persönlichkeit, Deine Performance beim Kunden, Dein Charakter, Deine Ideen, Deine Kreativität ...

Das Unternehmen, in dem DU tätig bist, sorgt mit Deiner Arbeitskraft und Deinem Enthusiasmus dafür, dass es zu einer starken Marke wird. Ideen, Produkte, Dienstleistungen sind dazu da, um von Dir beim Kunden zum Leben erweckt zu werden.

Regel 2: Good enough versus Best in the World

Der amerikanische Autor Seth Godin unterstellt in seinem Wirtschafts-bestseller *The Dip*, dass viele sich mit halben Sachen zufrieden geben, mit »good enough«, wo sie doch schon längst »Best in the World« drauf hätten. Richtig!

Wenn Sie zum Beispiel ein gesundheitliches Problem haben, dann begnügen Sie sich nicht mit irgendeinem Arzt, Sie wollen ohne Umwege zum besten. Kunden geht das genauso: Sie wollen nicht die zweitbeste Lösung, sondern die für sie optimale. Daher fordert Godin uns auf, besser sein zu wollen als die anderen, denn: »Ich, der Konsument, entscheide, nicht du. Ich bin es, der die Welt definiert, auf der Grundlage, ob ich mich wohlfühle und ob ich erfüllt sehe, was mir wichtig ist. Sei der Beste in meiner Welt und du hast mich sofort.«

Das bedeutet, wer zu den Besten zählen will, macht das Rennen. Wer noch mehr Engagement und Excellence aufwendet und bereit ist, sich aus seiner Komfortzone herauszubewegen, wird erfolgreich sein. Erfolgreicher als seine Mitbewerber.

Regel 3: Hören Sie auf, Ihre Kunden zufriedenzustellen!

Kundenzufriedenheit sagt überhaupt nichts über die langfristige Beziehung aus. Es gibt zufriedene Kunden, die nicht loyal sind. Sie wechseln die Marke und das Angebot, ohne dass es dafür einen konkreten Anlass gibt. Sie treffen eine neue Wahl. Begeisterung hingegen sorgt für langfristige Bindung, heißt es auch in »Beziehungen für Anfänger« im Wirtschaftsmagazin *brand eins*. Worin liegt der Unterschied zwischen »zufriedenstellen« und »begeistern«? Das kann ich Ihnen ziemlich genau beantworten:

Wenn Sie zufrieden sind, sind Sie satt. Wenn Sie satt sind, werden Sie faul und träge. Wenn Sie faul und träge sind, gehen Sie ins Bett. Wenn Sie im Bett sind, schlafen Sie. Und wenn Sie am nächsten Morgen aufwachen, denken Sie sich garantiert nicht: »Mann, war ich gestern Abend zufrieden.« Zufriedenheit ist der kleine Bruder von Durchschnitt, Mittelmaß und Langeweile. Zufriedenheit quält mich.

> **Wenn Sie zufrieden sind, sind Sie satt. Sind Sie dagegen begeistert, dann wollen Sie mehr!**

Anders verhält es sich, wenn Sie von etwas BEGEISTERT sind. Dann wollen Sie mehr! Erinnern Sie sich nur mal kurz an Ihre frühe Kindheit: Sie sitzen nach der Bescherung unterm Weihnachtsbaum und spielen mit Ihren tollen Geschenken. Plötzlich kommen die Eltern und verlangen von Ihnen das Unmögliche: Ab ins Bett! Aber Sie wollen nicht! Sie wollen wach bleiben! Ihre Eltern werden sich durchsetzen, aber Sie liegen mit hohem Adrenalinpegel im Bett und können nicht einschlafen, weil sich Ihre Gedanken ständig um die Modelleisenbahn oder die Barbies drehen. Irgendwann gewinnt die Müdigkeit die Oberhand, Sie schlafen ein mit dem Gefühl der Begeisterung, und das Erste, was Ihnen beim Aufwachen am nächsten Tag durch den Kopf schießt, ist: »Mann, war das toll gestern.« Das ist Begeisterung.

Regel 4: Tappen Sie nicht in die AGABU-Falle!

AGABU setzt sich zusammen aus den Anfangsbuchstaben des Satzes: »**A**lles **g**anz **a**nders **b**ei **u**ns.« Der Begriff begegnete mir zum ersten Mal in Minoru Tominagas Buch *Die kundenfeindliche Gesellschaft*. AGABUs sind die Bremser, Saboteure, Bedenkenträger in einem Unternehmen. Die AGABUs sagen Ihnen, warum etwas auf keinen Fall funktionieren wird, anstatt Vorschläge zu bringen, wie man eine Idee voranbringen kann. AGABUs sind die Pest und in hohem Maß mitverantwortlich für Innovationsstaus in Unternehmen. Aber vielleicht steckt ja auch in dem ein oder anderen von uns ein – zumindest kleiner – AGABU? Ein paar Beispiele:

- Ein Unternehmer sagt zu seinen Mitarbeitern: »Kundenbegeisterung funktioniert wirklich und macht nachweislich Unternehmen stark!« Antwort: »Das klappt bestimmt nicht bei uns in der Firma, denn: AGABU. Alles ganz anders bei uns.«

- Vertriebschef zu seinen Verkäufern: »Wir schreiben uns das Thema Kundenbegeisterung in unsere neue Vertriebsstrategie. Es gibt bereits zahllose Unternehmen, die erfolgreich aus Kunden Fans gemacht haben. Das machen wir jetzt auch!« Antwort: »Funktioniert bestimmt ganz gut in anderen Branchen, aber AGABU – alles ganz anders bei uns.«

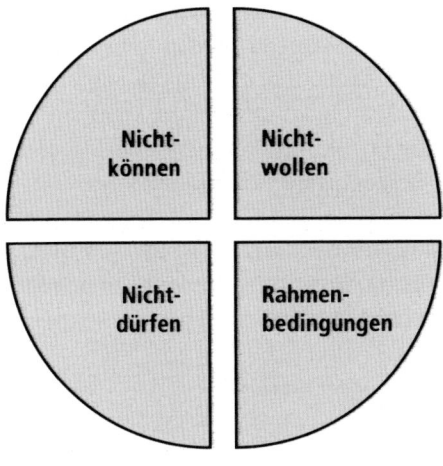

Die AGABU-Falle

Ich nenne die AGABU-Falle auch die Bequemlichkeitsfalle. Für Sie als Führungskraft oder engagierten Mitarbeiter ist sie aber auch ein wirkungsvolles Instrument, um zu hinterfragen, woran's wirklich liegt, warum eine Idee bislang noch nicht umgesetzt wurde.

Ein unverfängliches Beispiel: Weil Laufen gesund ist, nehmen Sie, liebe Leserin, lieber Leser, sich vor, künftig mindestens einmal pro Woche durch den Stadtpark zu joggen. Am Sonntagabend fassen Sie den

Entschluss: Morgen früh um 7 Uhr geht's los. Am Montagmorgen um 7 Uhr klingelt der Wecker, und ehe Sie sich versehen, stehen Sie schon mit einem Bein in der AGABU-Falle. Vier Punkte können dafür verantwortlich sein, dass Sie Ihr Vorhaben letztendlich kippen:

1. **Ungünstige Rahmenbedingungen:** »Meine Laufschuhe sind nicht mehr die Besten.« »Im Radio hieß es, es könnte regnen.« »Irgendwie fühle ich mich ein wenig krank, vielleicht bekomme ich eine Grippe und sollte mich schonen ...«

2. **Soziales Nichtdürfen:** Plötzlich tauchen Bilder auf und alte Glaubenssätze wie zum Beispiel: »Menschen in Jogginghosen sehen bescheuert aus.« »Jogger sind Spinner, haben meine Eltern immer gesagt.«

3. **Nichtkönnen:** »Ich bin zu untrainiert.« »Meine Kondition reicht gerade mal für fünf Minuten.« »Welche Atmung war nochmal die Richtige beim Joggen? Zwerchfell? Brust?«

4. **Nichtwollen:** Geben Sie's zu, Sie wollen gar nicht raus! Im Bett ist es so schön warm, und Sie sind viel zu bequem, um auch nur einen Schritt vor die Tür zu setzen.

»Ich wollte heute Sport machen. Jetzt ist es aber so, dass mir eben ein Haar ausgefallen ist. Das ist mir jetzt zu heikel. Gesundheit geht vor!«

Im vierten Punkt, dem Nichtwollen, liegt meist die Antwort dafür, warum wir oftmals Ideenriesen, aber Umsetzungszwerge sind. Dagegen müssen wir angehen, den Kampf gegen den inneren Schweinehund annehmen, wenn wir uns weiterentwickeln oder Kunden wirklich begeistern wollen. Seien Sie daher alarmiert, wenn Menschen in Ihrem Umfeld beim Thema Kundenbegeisterung vorgeben,

- nicht die richtigen Rahmenbedingungen zu haben. Fragen Sie aufrichtig: »Stimmt das? Sind wirklich die Rahmenbedingungen schuld daran, dass wir Kunden nicht begeistern können? Haben wir ein vernünftiges Produkt, eine

Nutzen stiftende Dienstleistung, Schreibtische, Telefone, eine schnelle Datenleitung, können wir kommunizieren, sind wir für andere weithin sichtbar als Mensch erkennbar, mit dem man gefahrlos in Kontakt treten kann? Ja? Dann hat es mit den Rahmenbedingungen schon einmal nichts zu tun, wenn Kunden nicht begeistert oder zu Fans gemacht werden.«

- nicht zu »dürfen«. Oftmals stehen sich Menschen selbst im Weg, indem sie sich einreden lassen, Verkaufen oder auch Sich-selbst-Verkaufen sei etwas Unanständiges. Nach dem Motto »Bloß nicht zu sehr trommeln« oder »Wenn ich jemandem etwas verkaufe, dann schwätze ich ihm etwas auf, was er gar nicht möchte« oder »anderen das Geld aus der Tasche zu ziehen, ist unfair«. Bloß nicht nach dem Verkäufermotto der alten Schule, »*Anhauen. Umhauen. Abhauen*«, handeln! Stimmt – aber warum sollten Sie einen Nutzen nicht anbieten dürfen, warum sollten Sie andere Menschen nicht begeistern?

- nicht zu können. Fehlt es an fachlichem Know-how? Wenn ja, dann helfen Seminare, Workshops oder Mentoring-Programme. Oder es gibt wunderbare Bücher wie dieses. Sagen wir mal so: Wenn jemand nicht kann – dann kann ihm in der Regel geholfen werden.

Oder steckt hinter dem Nichtkönnen vielleicht doch das Nichtwollen?

Fazit: Das Geheimnis des Könnens liegt im Wollen. Der größte Feind der Kundenbegeisterung ist die Bequemlichkeit der Organisation und der darin befindlichen Mitarbeiter. Menschen, die der Gemeinschaft, einem Unternehmen oder einer Idee die Kündigung ausgesprochen haben, die wollen nicht.

Das Geheimnis des Könnens liegt im Wollen!

Beispiele, die mitreißen

Von Nichtwollen ist in den nachfolgenden Beispielen null zu spüren.
Sie sollen Ihnen zeigen, wie einfach es eigentlich ist, Kunden für sich
zu gewinnen. Mit Begeisterung!

Ritz Carlton – erfrischend unkonventionell

Ein Bekannter erzählte mir von seinem Aufenthalt in New York. Er
war mit seiner Tochter im Luxushotel Ritz Carlton frühstücken und
fragte die Bedienung, ob er den Caffè Latte auch mit laktosefrei-
er Milch bekommen könnte. Die Kellnerin meinte bedauernd »No,
sorry.« Daraufhin bestellte mein Bekannter statt des Kaffees schwar-
zen Tee, wie er das in solchen Situationen, wenn der Barista keine laktosefreie Milch zur Hand hatte, immer tat. Daraufhin nickte die Kellnerin freundlich, verschwand und kam fünf Minuten später mit einem
Becher Caffè Latte von Starbucks zurück: »Wir wollen, dass Ihr Tag
perfekt wird, und um ehrlich zu sein, zu einem guten Tag gehört einfach eine gute Tasse Kaffee. Wir hatten heute keine laktosefreie Milch,
aber Gott sei Dank gibt es für alles eine Lösung.« Sprach's, lächelte und
verschwand. Der Leitspruch des Ritz Carlton lautet übrigens »We are
ladies and gentlemen, serving ladies and gentlemen.«

»La Maison Troisgros« – überraschende Details

Das Troisgros ist ein sehr gutes Restaurant im französischen Roanne.
Etwas zu früh kam eine Freundin während ihres Urlaubsaufenthalts
im Burgund dort an. Das quittierte die Belegschaft, die noch beim Ein-
decken war, nicht etwa mit Unmut, sondern mit einem verständnis-
vollen Lächeln. Und da das Wetter sonnig war, fragte der Ober galant,
ob sie sich nicht den Garten ansehen wolle, sie würden draußen auch
einen Aperitif servieren. Zusätzlich zum wirklich traumhaften Ambi-
ente und der sympathischen Ansprache gab's drei Grüße aus der Kü-
che. Doch am überraschendsten war, wie sie mir erzählte, der kleine
Korkpilz neben dem Zweiertisch im Speisesaal. Auf diesem konnte sie
ihre Tasche ablegen. Ein ähnliches praktisches Möbelstück finden Sie

auch im Restaurant Jasmin im Hotel Bischofshof in Klausen, Südtirol. Allen Männern, die dort reflexartig ihren Fuß draufstellen möchten, sei gesagt: Dies ist ein Damenhandtaschenbänkchen.

Damenhandtaschenbänkchen im Restaurant des Hotels Bischofshof

Care for your customers (and if you don't, someone else will)!

Als großer Asienfan war ich anlässlich einer Rundreise auch ein paar Tage in Myanmar. Am Inle-See wurde es abends ziemlich kalt. Die Bettdecken in meinem Holzbungalow waren dünn, und noch während des Abendessens überlegte ich mir, wie ich die kommende Nacht überstehen könnte. Umso größer war die Überraschung, als ich mich zu fortgeschrittener Stunde (zur Sicherheit vollständig bekleidet!) in mein Bett legen wollte und feststellte, dass in meiner Abwesenheit der Zimmerservice eine Heizdecke angeschaltet hatte. Was für ein gutes Gefühl, wenn jemand mitdenkt und sich um einen kümmert.

Was für ein gutes Gefühl, wenn jemand mitdenkt und sich um einen kümmert!

Lego – weltweite Publicity durch einfühlsamen Kundenservice

Luka, ein siebenjähriger Junge aus Highworth im Südwesten Englands, kauft sich von seinem Geld, das er zu Weihnachten bekommen hat, von Lego ein Ninjago-Ultra-Sonic-Raider-Set. Daraus baut er sich unter anderem seine Lieblingsninjafigur Jay ZX. Sein Vater geht mit ihm einkaufen, und Luka will Jay ZX unbedingt mitnehmen. Papa sagt: »Lass ihn zu Hause, du verlierst ihn nur.« Doch Luka – »Ohne Jay ZX verlasse ich das Haus nicht« – nimmt seine Ninjafigur mit, und was passiert? Natürlich verliert er die Figur. Sie fällt ihm aus der Jackentasche und ist ein für alle Mal weg. Der Papa, natürlich angefressen, sagt: »Hab ich's dir doch gesagt«, und denkt nicht im Geringsten daran – allein schon aus erzieherischen Gründen –, Luka eine neue Figur zu kaufen. Jetzt ist Luka in der Zwickmühle: Geld hat er keins mehr, Papa ist auch keine Hilfe, aber Jay ZX ist sein absoluter Liebling. Was soll er tun, fragt er sich und findet: »Jetzt kann nur noch Lego helfen.« Er setzt sich hin und schreibt unter Anleitung seines Vaters eine Mail an Lego:

Hallo,
mein Name ist Luka Apps, und ich bin sieben Jahre alt. Mit all meinem Geld, das ich zu Weihnachten bekommen habe, habe ich ein Ninjago-Ultrasonic-Raider-Set gekauft. Es ist wirklich gut. Mein Vater ist mit mir zum Einkaufen gefahren und hat zu mir gesagt, lass die Figuren zu Hause, du verlierst sie dort nur. Aber ich hab sie mitgenommen und habe Jay ZX verloren, der mir in einem Shop offenbar aus der Jackentasche gefallen ist. Ich bin am Boden zerstört. Daddy kauft mir keinen neuen und hat gesagt, ich soll Ihnen eine Mail schreiben und fragen, ob Sie mir eine neuen Jay ZX zuschicken möchten. Ich verspreche, ich werde ihn nie wieder zum Einkaufen mitnehmen, wenn Sie mir helfen können.
Luka.

Luka wartet und nur kurze Zeit später erhält er eine Nachricht von Richard. Richard ist ein Mitarbeiter im Lego-Kundenservice. Er schreibt, er habe mit Sensei Wu (dem Master aus der Ninjago-Serie) gesprochen:

Hallo Luka,

ich habe Sensei Wu davon erzählt, dass Du Jay ZX verloren hast. Es war ein tragischer Unfall, und Du wirst das nie nie nie nie wieder zulassen. Er hat zu mir gesagt, ich soll Dir sagen:»Luka, Dein Vater scheint ein sehr kluger Mann zu sein. Du musst immer Deine Ninjago-Minifiguren schützen, wie die Drachen die Waffen von Spinjitzu schützen.« Sensei Wu hat mir auch gesagt, dass es in Ordnung geht, wenn ich Dir einen neuen Jay ZX zuschicke und noch etwas extra dazu, weil jemand, der sein Weihnachtsgeld spart, um Ultrasonic Raider zu kaufen, der muss ein richtiger Ninjago-Fan sein. Ich hoffe, Du hast viel Spaß mit Deinem neuen Jay ZX mit all seinen Waffen. Du wirst tatsächlich die einzige Jay-Minifigur haben, die alle drei unterschiedlichen Jays in sich vereint. Ich schicke Dir ebenso einen bösen Kerl mit, mit dem er kämpfen kann. Merke Dir, was Sensai Wu gesagt hat: Beschütze Deine Minifiguren wie die Waffen von Spinjitzu. Und – natürlich: Höre immer auf Deinen Dad. Du bekommst in den nächsten zwei Wochen Post von Lego mit Deinen neuen Minifiguren. Bitte pass gut auf sie auf, Luka. Und denk immer dran, dass Du versprochen hast, sie immer zu Hause zu lassen.
Richard, Lego.

Luka war außer sich vor Freude und erzählte sofort allen seinen Freunden davon. Zudem verbreitete sich die Geschichte weltweit über die sozialen Medien und wurde für Lego zum viralen Marketing-Hit. Die Ansprache an Luka war persönlich gehalten und zielgruppengerecht, es wurde eine unmittelbare Lösung geboten, und der Kunde fühlte sich ernst genommen. Besser geht es nicht. So gewinnt ein Unternehmen lebenslange Fans.

Porsche kann's – nicht nur sportlich

Bei einer Veranstaltung eines Porsche-Händlers in Nordrhein-Westfalen standen die geladenen Gäste an Stehtischen. Einer der Tische wackelte. Daraufhin bat einer der Besucher einen für das Catering zuständigen Mitarbeiter, er möge doch bitte einen Bierdeckel besorgen, um das Problem zu beheben. Der Mitarbeiter nickte, verschwand ohne ein Wort, kam nach kurzer Zeit mit einem Inbusschlüssel wieder zurück und sagte mit einem freundlichen Lächeln im Gesicht: »Vielen Dank für den Hinweis, aber bei Porsche beheben wir Probleme grundsätzlich nicht mit Bierdeckeln.« Und das von einem Catering-Mitarbeiter – wow!

Vom Kunden zum Star

In einem Porsche-Zentrum in Süddeutschland gibt es einen Autoverkäufer, dessen Schreibtisch nahe dem Haupteingang steht. Dieser Mann genießt einen enorm hohen Bekanntheitsgrad, weil er bei jedem seiner Stammkunden, der zur Eingangstür hereinkommt, aufsteht und ihm freundlich Beifall spendet.

Für welchen Ihrer Kunden haben Sie einen Parkplatz reserviert?

Der Senf- und Ketchuphersteller Develey rollt für einen seiner Stammkunden gar eine Art roten Teppich aus, indem er immer einen Parkplatz vor dem Haus reserviert hält. »Reserviert für McDonald's«, steht da. Denn seit 40 Jahren nimmt der Burgerbrater von Develey das Ketchup ab. Für welchen Ihrer Kunden haben Sie einen Parkplatz reserviert?

Krones AG – smartes Infotainment

Bedienungsanleitungen, Sie kennen das, können fürchterlich nerven. Weil sie unkonkret, in Techniker-Deutsch gehalten oder schlecht übersetzt sind. Das wollte die Krones AG, ein börsennotierter Hersteller von Anlagen für die Abfüllung und Verpackung von Getränken und flüssigen Nahrungsmitteln mit Sitz im bayerischen Neutraubling, vermeiden und hat sich deshalb etwas ganz Besonderes ausgedacht: Für den chinesischen Markt ließ der Konzern Bedienungsanleitungen in Comic-Form anfertigen. Mit sehr emotional gezeichneten Figuren, die lachen, sich ratlos am Kopf kratzen oder über das ganze Gesicht strahlen vor Stolz, wenn der Groschen gefallen ist. Asiaten lieben Comics, und die Bilder sind leicht verständlich.

Die Begeisterungsturbos – entwickeln Sie Begeisterungs-Intelligence!

Begeisterung kann man nicht in die Köpfe hämmern, sie muss im System verankert werden. Enorm hilfreich bei der Verankerung von Kundenbegeisterungs-Intelligence im Unternehmen sind folgende praxiserprobte Begeisterungsbeschleuniger.

Turbo 1: Machen Sie es Ihren Kunden so einfach wie möglich!

Hilti wird der Slogan zugeschrieben: »Wir verkaufen keine Bohrmaschinen, wir verkaufen das Loch in der Wand.« Mit anderen Worten: Was Ihr Kunde kauft, ist nicht das Produkt, sondern eine Lösung. Die stärkste Bindung entsteht, wenn ein Unternehmen für seine Kunden die Lösung eines Problems so einfach wie möglich macht oder ihnen das Problem beziehungsweise die Lösung komplett abnimmt. Ihr neuer Leitsatz muss demnach lauten: »Wir machen es unseren Kunden so einfach wie möglich.«

Wie das gehen kann, zeigt eindrucksvoll eine inspirierende Geschichte, die ich von Michael Julius Renz, dem Leiter Vertrieb Deutschland der Audi AG, geschildert bekam. Er war mit einem asiatischen Geschäftspartner auf der Autobahn unterwegs, als ihr Wagen eine Panne hatte. Michael Julius Renz macht das, was jeder Audi-Fahrer in einem solchen Fall machen würde: Er rief die Audi-eigene Pannen-Hotline an und wurde von einem gut geschulten Mitarbeiter gefragt: »Wo stehen Sie?« Dieser notierte sich die Koordinaten und versprach, in 30 bis 40 Minuten wäre ein mobiler Mechaniker vor Ort. Das Problem war allerdings größer als gedacht, der Mechaniker schaffte es bedauerlicherweise nicht, Renz' Wagen auf dem Pannenstreifen wieder flottzubekommen. Es dauerte noch einmal 30 bis 40 Minuten, bis der Abschleppwagen kam und die beiden Männer zusammen mit dem defekten Auto zur nächsten Werkstatt brachte. Von dort aus ging es in einem Mietwagen weiter zum ursprünglichen Ziel, dem Flughafen.

Kaum fuhren sie vom Werkstatthof, bemerkte der asiatische Geschäftspartner: »Interessant, wie ihr das in Deutschland löst.« Gegenfrage

Renz: »Wie löst ihr's denn in Asien?« Darauf der Geschäftspartner: »Auch bei uns in Asien bleiben natürlich Autos liegen. Auch wir rufen bei unserer Pannen-Hotline an. Aber die erste Frage des Mitarbeiters an der Hotline lautet nicht ›Wo stehen Sie?‹, sondern ›Wo wollen Sie hin?‹. Als Erstes schickt man mir keinen mobilen Mechaniker, der vor Ort versucht, das Auto flottzukriegen, sondern einen Mietwagen. Da setze ich mich als Kunde rein. Und ob der Mechaniker jetzt das Auto auf der Straße reparieren kann oder nicht, oder ob ein Abschleppwagen angefordert werden muss, ist mir als Kunde ziemlich egal, denn ich bin bereits mit dem Mietwagen dorthin unterwegs, wo ich für mein Unternehmen am wichtigsten bin: bei meinem nächsten Kunden.«

Norbert Scheuch, der als einziger Deutscher im Vorstand des chinesischen Baumaschinenkonzerns Sany sitzt, kann diese grundsätzliche asiatische Einstellung bestätigen: Man redet in Asien nicht über Probleme, sondern über Lösungen. Meine Handlungsempfehlung, wenn Sie Kunden begeistern wollen: Verwenden Sie 20 Prozent der Zeit für die Problemerfassung und 80 Prozent für die Problemlösung.

Verwenden Sie 20 Prozent der Zeit für die Problemerfassung und 80 Prozent für die Problemlösung.

Machen Sie es Ihren Kunden durch Lösungen so einfach wie möglich! Arena One bot im Sommer vergangenen Jahres einen speziellen Service an. Der Sport-, Business- und Kulturveranstalter fragte Besucher des Münchner Olympiaparks via Plakat: »Lust auf Picknick?«, und hatte sogleich die Lösung parat: »Dann holen Sie sich unseren großen Picknick-Korb! Reinkommen, abholen und ab in den Olympiapark – perfekt für 2 Personen! Erhältlich an Wochenenden hier im Restaurant Olympiasee.«

Die Lösung ins Zentrum zu stellen kann auch die Basis einer erfolgreichen Geschäftsidee sein, wie das im September 2010 gegründete Kochhaus beweist. Klassischer Lebensmittelkauf funktionierte lange Zeit ausschließlich so: Der Kunde geht mit einer Einkaufsliste in den Lebensmittelhandel, um sich dort die Zutaten für ein Rezept zu besorgen. Im Kochhaus läuft es anders: Die mittlerweile elf Läden in Berlin, Hamburg, München, Münster und Regensburg sind konsequent nach

Rezepten (Lösungen) statt nach Warengruppen beziehungsweise Zutaten (Produkten) sortiert. Im Kochhaus ist kein Zickzackkurs durch den Supermarkt nötig, man lässt sich hier von den Rezepten inspirieren und findet direkt daneben unkompliziert alle benötigten Zutaten. Und für all diejenigen, die nach der Arbeit gar nicht mehr nachdenken möchten, die es super praktisch und einfach lieben, für die hat der Laden sogenannte »Sorglos-Abos«. Mit zwei bis fünf Gerichten pro Woche, zugesandt drei Tage im Voraus. Entspricht die Auswahl nicht dem Geschmack, kann der Kunde online eine andere Mahlzeit wählen. Auch die Anzahl der Personen ist variabel: Portionen für zwei, vier oder sechs Personen stehen zur Disposition. Ganz nebenbei wird noch eine neue, spannende, kaufkräftige Zielgruppe erschlossen, nämlich die der Männer. Sie schätzen die Stringenz: Rezept, Zutaten, ab zur Kasse. Kein Shoppen, kein Bummeln, nur Jagen.

Mit der FORDEC-Methode zu schnellen Lösungen, wenn es brenzlig wird

Sie kennen die Erwartungshaltung Ihrer Kunden, Sie wissen, welche Faktoren Begeisterung erzeugen, und jetzt bräuchten Sie nur noch DIE Aktion, DIE Lösung für eine Aufgabe, die Ihnen Ihr Kunde gestellt hat? Eine große Hilfe ist dabei FORDEC – eine Methode, die mir ein Lufthansa-Pilot bei einem Flug zu einem Vortrag in Hannover verraten hat. Entwickelt wurde FORDEC von den Mitarbeitern des Deutschen Zentrums für Luft- und Raumfahrt. Mit dem Verfahren sollen die Entscheidungsfindungsprozesse für Piloten erleichtert werden. FORDEC ist also ein tolles Hilfsmittel, wenn es darauf ankommt, in Sekundenschnelle die richtige Entscheidung zu treffen. So wenden Sie diese schnelle und höchst kreative Methode im Business-Kontext an:

1. **F**acts (Fakten, Bestandsaufnahme): Welcher Problemfall liegt vor? Was genau ist passiert? Worin liegt die Herausforderung?
2. **O**ptions: Welche Möglichkeiten gibt es, um das Problem aus der Welt zu schaffen?
3. **R**isks und Benefits (Risiken und Nutzen): abwägen der Vor- und Nachteile der einzelnen eben erarbeiteten Möglichkeiten
4. **D**ecision (Entscheidung): Auswahl der Option mit dem geringsten Risiko und der höchsten Erfolgsaussicht. Abwägen der Gesichtspunkte. Für welche Möglichkeit entscheide ich mich/entscheiden wir uns im Team?
5. **E**xecution: Ausführung der gewählten Handlungsoption und konkrete Zuteilung der Aufgaben und Verantwortlichkeiten: Wer macht was, wann und wie?

6. **C**heck (Überprüfung): Führt der eingeschlagene Weg zum gewünschten Ziel? Permanente Reflexion bis zum Ende der Aktion und darüber hinaus (Future-Check). Passt die getroffene Entscheidung zur aktuellen Entwicklung? Haben sich die Dinge wie erwartet entwickelt, oder ist eine Situation eingetreten, die eine Änderung des Planes erzwingt? Wenn eine Änderung erforderlich ist, dann beginnt das FORDEC-Prozedere erneut von vorne.

Ich stelle Ihnen jetzt eine Aufgabe, verbunden mit der Bitte, eine kreative, kundenfreundliche Lösung zu finden:

Sie sind Inhaber mehrerer Handyfilialen inmitten einer belebten Fußgängerzone einer großen deutschen Stadt. Ihre Filialen liegen alle etwa einen Kilometer auseinander. Ausgerechnet in der Filiale mit dem meisten Umsatz ist eine Wasserleitung geplatzt, sodass Sie diese für eine Woche schließen müssen. Wie könnte eine Lösung aussehen, mit der Sie Ihre Kunden trotzdem bedienen und vielleicht sogar begeistern können?

1. Facts (Fakten, »So sieht's aus.«)

\
\

2. Options (Welche Möglichkeiten haben Sie?)

\
\

3. Risks (Welche Risiken bergen obige Möglichkeiten?)

\
\

4. Decision (Entscheidung für eine Möglichkeit / Option)

\
\

5. Execution (Umsetzung der Entscheidung)

\
\

6. Check (Kontrolle, ob die Entscheidung die richtige war)

_____

_____

Na, haben Sie eine begeisternde Lösung entwickelt? Schicken Sie sie mir unter info@
pauljohannesbaumgartner.de, die besten Ideen und kreativsten Ansätze werden von
mir prämiert. Bei einem meiner Seminare VOM KUNDEN ZUM FAN haben meine Teilnehmer im konkreten Fall (Handyladen) folgenden FORDEC-Prozess entwickelt:

FACTS
- Wasserschaden in der Handyfiliale
- Geschäft bleibt eine Woche lang geschlossen.
- Kunden stehen vor verschlossenen Türen.
- Ich als Besitzer des Shops kann meine Kunden in den Räumlichkeiten nicht
  bedienen …

OPTIONS
- Aufstellen eines temporären Mietcontainers
- Aushang »Diese Filiale bleibt bis auf Weiteres geschlossen, bitte besuchen Sie
  uns in der Filiale 1000 Meter entfernt von hier«, plus eventuell Belohnung für die
  Mühen …
- Ein Shuttleservice …

RISKS und BENEFITS
- Mietcontainer sind teuer.
- Die Stadt erlaubt es nicht, Container aufzustellen.
- Der Kunde ist genervt, wenn er 1000 Meter laufen muss (bei der Lösung mit
  dem Aushang).
- Ein Shuttleservice ist eine coole Aktion, wenngleich eine Frage der Kosten …

DECISION
- Einstimmige Entscheidung im Seminar: »Wir nehmen die Lösung mit dem
  Shuttleservice.«
- Frage: »Wie könnte so ein Shuttleservice aussehen?« Antwort eines Teilnehmers:
  »Rikscha!«

EXECUTION
- Verteilung der Aufgaben, wer macht was?
- Wer besorgt die Rikscha, wer die studentische Aushilfskraft, wer sorgt dafür,
  dass die Rikscha gebranded wird?
- Wer behält die Kosten im Blick …?

CHECK

– Nach der Umsetzung: Ist die Rikscha nach wie vor die perfekte Lösung?
– Wie wird die Rikscha von den Kunden angenommen?
– Stehen Aufwand und Ertrag in einem gesunden Verhältnis?

Was den Faktor Zeit, Schnelligkeit und Kreativität anbelangt, ist FORDEC unschlagbar. Und wer weiß, vielleicht haben ja auch die Betreiber des Vodafone-Shops in der beliebten Hamburger Mönckebergstraße dieses wunderbare Instrument ebenfalls genutzt, um aufgrund von Renovierungsarbeiten in Filiale A ihre Kunden einfach, kreativ und bequem zum Standort B zu bringen.

Begeisternde Lösung eines Vodafone-Shops in Hamburg

Turbo 2: Kunden auf Augenhöhe begegnen

So profan dieser Begeisterungsturbo klingen mag, ich verspreche Ihnen: Wenn es kein Thema mehr wäre, würde ich Sie nicht damit konfrontieren. Warum tut sich Deutschland mit dem Dienstleistungsgedanken so schwer, wohingegen in anderen Ländern für Kunden paradiesische Zustände herrschen? Das Pendel schlägt hierzulande immer noch in zwei Richtungen aus: Von »Ich bin nicht arrogant, lieber Kunde, du bist nur zu dumm für mich!« bis »Wie darf ich mich heute für Sie erniedrigen?« ist alles dabei. Dabei will der Kunde weder ein Depp sein noch ein König, er will einfach nur auf Augenhöhe beraten werden. Dazu das Fazit der Studie *Die Zukunft des Handels*: »Entscheidend für den Markterfolg sind neue Beziehungsqualitäten, die Einbindung des Kunden, Werte und Menschlichkeit. Nicht ›Was biete ich an‹, sondern ›Was kann ich für dich tun?‹, weg von der Produktzentriertheit hin zur Ausrichtung am Nutzer und Kunden.« Gehen Sie ruhig noch einen Schritt weiter, und überlegen Sie, ob Sie Ihre Kunden nicht sogar als Innovatoren in Ihren Design- und Produktfindungsprozess miteinbeziehen können.

Adidas, BMW, Gore oder Swarovski machen das bereits. Der österreichische Kristallhersteller Swarovski etwa rief über das Internet zu einem elektronischen Design-Wettbewerb auf, BMW bindet Lead-User ein, um technische Probleme zu lösen, während Funktionstextilienhersteller Gore Kundengedanken als Trendbarometer nutzt. Schließlich sind, das wissen die Innovationchefs dieser Firmen ganz genau, Snowboards, Surfbretter oder Inlineskates auch nicht am Reißbrett eines Entwicklungslabors entstanden, sondern waren die Ideen sportverrückter Jungs. Das Unternehmen profitiert einerseits von den Ideen und Anregungen der Lead-User und gewinnt auf der anderen Seite treue Fans. Denn wer sagt nicht gern, dass sein kreativer Beitrag von Weltunternehmen wie Adidas oder BMW wichtig genommen wird und vielleicht sogar in dem neuen Schuh oder dem neuen Antrieb steckt?

> Wer Kunden als Innovatoren miteinbezieht, kann nicht nur kreative Ideen ernten, sondern auch treue Fans gewinnen.

Die Münchener BSH Bosch und Siemens Hausgeräte GmbH und der Konsumgüterkonzern Henkel gehen noch einen Schritt weiter. Sie haben mit Wash & Coffee einen jungen Waschsalon in München eröffnet. Mit Kaffeespezialitäten, einem breiten Zeitschriftenangebot und einem kostenlosen Surf-Stick, mit dem die Kunden jederzeit online gehen können. Zusätzlich finden Konzerte, Lesungen, Comedy-Shows und Beauty-Partys statt. Wer mag, kann den Laden auch für private Partys nutzen. Im Vordergrund steht der soziale Austausch, im Hintergrund können BSH und Henkel Marktforschung betreiben: Wie waschen die Menschen, welche Probleme treten bei diesem Prozedere auf, was muss an den Geräten optimiert werden …? Mehr dazu unter www.wash-coffee.com.

Turbo 3: antizyklisch denken

Wie Sie schon beim Beispiel mit der Weihnachtskarte gelesen haben, steigern antizyklische Ideen das Überraschungsmoment und lösen Begeisterung aus. Antizyklisch sind alle Vorgänge, die sich entgegen der üblichen Erwartung beziehungsweise entgegen üblicher Verhaltensmuster bewegen. Machen Sie es daher nicht wie alle, dass Sie Weihnachtskarten zu Weihnachten versenden oder spezielle Mailings zu Halloween, Ostern etc., sondern machen Sie es lieber wie der Immobilienmakler in meinem Seminar, der alle herkömmlichen Festtage bewusst verstreichen lässt, sich aber an einem ganz wichtigen Festtag für alle Eigenheimbesitzer beim Kunden meldet: dem Jahrestag des Notartermins. Also diesem hochemotionalen Tag, an dem der Kauf der Immobilie fix gemacht wurde. 30 Prozent der Kunden bedanken sich bei dem Immobilienmakler für die Zusendung der Glückwunschkarte. Wenn Sie schon mal ein Mailing verschickt haben, wissen Sie, was 30 Prozent Feedback nach einer Aussendung bedeuten: Volltreffer!

Last Christmas von Wham am 24. Dezember im Radio zu spielen ist langweilig. Denselben Song aber an einem 23. August zu spielen, an dem die Sonne vom strahlend blauen Himmel scheint und die Menschen bei 30 Grad Außentemperatur in kurzen Hosen durch die Gegend laufen – damit bleibt man im Gedächtnis.

Warum wie alle an Weihnachten Präsente versenden? Warum nicht an einem im Kalender noch weitestgehend unentdeckten »Festtag« wie dem Erntedankfest? Einer meiner Seminarteilnehmer verschickt jedes Jahr Anfang Oktober einen Erntedankkorb an seine umsatzstärksten Kunden und kommt damit allen Weihnachtspräsenteversendern zuvor. Unnötig zu fragen, ob diese antizyklische Idee funktioniert.

Turbo 4: normabweichend handeln

Das Art Hotel in Wien ist zwar kein ausgewiesenes Hundehotel, aber Hundebesitzer werden dort mit einem Schlummerkissen, Leckerlis und einem Spielzeug für ihren Vierbeiner überrascht.

Auch der Burgerladen Shake Shack in Miamis belebter Lennox Street bietet neben klassischen Burgern und vegetarischen Bratlingen für Herrchen und Frauchen auch Spezialitäten für Hunde an. Wenn Sie dort sind, bestellen Sie unbedingt für Ihren Vierbeiner einen Poochini, das ist ein eisgekühltes Leckerli mit Erdnussbutter, das Ihrem Hund an einem heißen Tag in Miami Abkühlung verschafft. Erfrischend normabweichend, ich kann mich an kein Restaurant in Deutschland erinnern, das Hunden mehr bietet als den obligatorisch vollgesabberten Wassernapf.

Garantiert normabweichend ist auch das Beispiel eines Helikopterunternehmens auf Mallorca. Wenn Sie dort einen Rundflug buchen, kann es Ihnen passieren, dass Sie auf Ihrer Rechnung eine WNFB-Gebühr in Höhe von 9,90 Euro finden. Auf Ihre Anfrage hin wird Ihnen friedlich und freundlich erklärt, dass dies die »Wer-nicht-fragt-bezahlt-Gebühr« ist, für die es im Übrigen keine Rechtfertigung gebe. Nur sehr wenige Kunden würden nachfragen, und Sie würden diese Gebühr auch sofort zurückerstattet bekommen, aber man verfolge damit einen karitativen Zweck: Die Summe der nicht zurückverlangten WNFB-Gebühren fließt am Jahresende komplett an eine gemeinnützige Einrichtung direkt in Palma, die sich für Menschen, die unverschuldet in Not geraten sind, starkmacht. Eine Aktion, die sowohl auf das Markenimage des Helikopter-Unternehmens als auch auf das Markenimage des Unternehmers selbst einbezahlt.

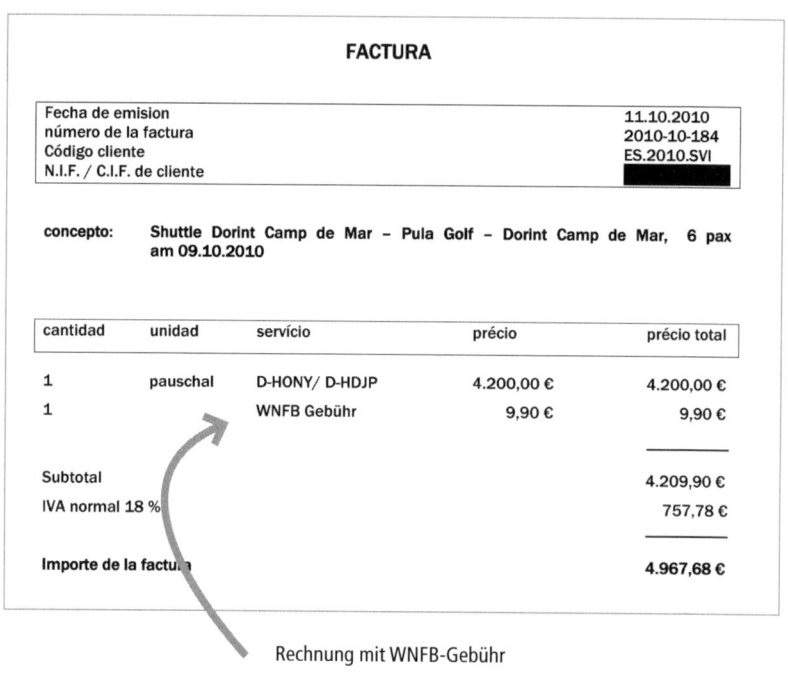

FACTURA

Fecha de emision	11.10.2010
número de la factura	2010-10-184
Código cliente	ES.2010.SVI
N.I.F. / C.I.F. de cliente	▮▮▮▮▮

concepto: Shuttle Dorint Camp de Mar – Pula Golf – Dorint Camp de Mar, 6 pax am 09.10.2010

cantidad	unidad	servício	précio	précio total
1	pauschal	D-HONY/ D-HDJP	4.200,00 €	4.200,00 €
1		WNFB Gebühr	9,90 €	9,90 €
Subtotal				4.209,90 €
IVA normal 18 %				757,78 €
Importe de la factura				**4.967,68 €**

Rechnung mit WNFB-Gebühr

High-End-Kundenbegeisterung

Das Internet ist aus unserem Alltag nicht mehr wegzudenken und trägt stark zur Kundenbegeisterung bei. Weil wir immer mehr Zeit online verbringen und dort mit einem Klick schnell in neue Welten blicken können. Nach einer Befragung von Emnid unter 500 deutschen Unternehmen gaben 89 Prozent an, der eigene Webauftritt wäre für eine erfolgreiche Kommunikation mit Geschäftskunden wichtig oder sehr wichtig, gefolgt vom Messeauftritt, dem Außendienst, Direct Mailing, der Werbung in Fachpresse und Events.

Doch nicht nur am PC bietet das Internet vielfältige Möglichkeiten, gerade neue Medien wie das Tablet eröffnen uns neue, überraschende Wege, um Kunden zu begeistern. Nach einer Aussage der Studie *Sales-*

trends des Kelkheimer Zukunftsinstituts sollen bis 2016 rund 3,6 Millionen Tablets Anwendung im Einzelhandel und in der Gastronomie finden. Mit solchen »Wir-Geräten«, heißt es in der Studie, verschanzt sich der Verkäufer nicht mehr hinter seinem Bildschirm, sondern führt die Kunden gleichberechtigt durch Anwendungsszenarien eines Produkts oder einer Dienstleistung. Er erklärt Funktionen anhand des Tablets oder überlässt dem Kunden das »Produkt-Browsing«, um sich an wichtigen Stellen mit entsprechenden Erklärungen einzubringen. »Die Fähigkeit, eine mitunter überinformierte Kundschaft mittels smarter Technologie zu überzeugen, zählt künftig zum Einmaleins des Verkaufs«, schlussfolgert das Zukunftsinstitut.

> Neue Medien eröffnen uns neue, überraschende Wege, um Kunden zu begeistern.

Smart setzt auch ein New Yorker Laufladen moderne Technologie ein, in dem er »Window-Shopping« der besonderen Art anbietet. Auf acht Bildschirmen zeigt New Balance seiner Community Interessantes rund ums Laufen. Zum Beispiel Tweets zu Laufthemen, Produkteinschätzungen von Kunden, einen Countdown, der die Tage bis zum nächsten Boston-Marathon zählt, Zitate von Sportgrößen, Neuheiten über aktuelle Wettbewerbe sowie einen Lauf-Index inklusive Wettervorhersagen. So überrascht der Laden mit immer aktuellen und für seine Kundschaft wichtigen Themen und verbindet Info-Quelle mit Shoppingangebot (zu sehen auf der Website der Medienagentur: www.bealmighty.com).

Um nutzerfreundlichen Mehrwert ging es auch dem 2012 an der Poststraße in Hamburg eröffneten Neo Store von Adidas: Hier können Kunden über einen Spezialspiegel Fotos von sich schießen und diese direkt auf Facebook oder Twitter hochladen. Damit sollen sie Freunde animieren, das anprobierte Outfit online zu kommentieren. Für ein Foto postieren die Kunden sich vor dem mehr als zwei Meter hohen Spiegel und können dann eine integrierte Kamera auslösen. Es ist auch möglich, ein acht Sekunden langes Video aufzunehmen. Dafür loggt man sich über einen Touchscreen bei Facebook oder Twitter ein. Ansprechen soll der Service vor allem Mädchen und junge Frauen zwischen 12 und 19 Jahren.

Beim Fliegen kann man sich ja vieles aussuchen (Fenster- oder Gang-platz? Hühnchen oder Lasagne?) – den Sitznachbarn aber bislang nicht. Die niederländische Fluglinie KLM bricht zu neuen Ufern auf und bie-tet Social Seating an. »Meet & Seat« heißt der Dienst, der für angeneh-me Bekanntschaften und Unterhaltung während der Flugreise sorgen soll. Interessierte können sich auf 34 Langstreckenverbindungen mit anderen Fluggästen vernetzen. Dazu loggen sie sich ab 30 Stunden vor dem Abflug auf der Webseite von KLM unter »meine Reise« ein, melden sich bei ihrem Facebook-, Google+- oder LinkedIn-Profil an und wählen aus, welche Profildaten sie mit anderen Passagieren teilen wollen. Allerdings: »Schnarcher« oder »Mundgeruch« sind weder bei Facebook noch bei LinkedIn ein Kriterium. Mehr Informationen dazu unter www.klm.com, Stichwort »Meet & Seat«. Malaysia Airlines war-tet mit einem ähnlichen Angebot auf, dort heißt es »MHbuddy«.

Der »Macy's Backstage Pass« arbeitet etwas anders, mit sogenannten QR-Codes. Mit diesen gerasterten Schwarz-Weiß-Strichcode-Quadra-ten, die mithilfe eines Handhelds gelesen werden können, kann ein interessierter Fan weiterführende Informationen abrufen. Beim ame-rikanischen Nobel-Kaufhaus Macy's sind das Videos von bekannten Designern, die Beauty- und Schminktipps verraten.

Ebenfalls über QR-Codes können Kunden bei der Hightech-Boutique Hointer Style- und Produktinformationen zu den angebotenen Jeans, Schuhen und Sweatern abrufen. Doch nicht nur das: Die Boutique im Stanford Shopping Center in Seattle ist wohl das Innovativste, was es im Moment in Sachen Hightech-Handel gibt. Sie verbindet, wie Brian Smith vom Magazin *Retail's Edge* schreibt, Effizienz, unbegrenztes Ent-deckertum und Personalisierung mit Feel- and Touch-Elementen: coo-les Internet-Shopping mit haptischen Eindrücken. Denn in dem Pilot-laden läuft alles vernetzt, und die Stücke, die man probieren möchte, lässt man sich per Fingertouch in die Umkleidekabine liefern. Passt das Teil nicht, kann es über einen Bildschirm in der Kabine in einer anderen Größe angefordert werden und wird in Sekundenschnelle über eine Vorrichtung in die Kabine geliefert. Zum Bezahlen stehen Kreditkarten-Terminals bereit, ähnlich wie wir das vom bargeldlosen Bezahlen bei IKEA kennen. Wer Hilfe braucht oder eine Frage hat, kann per Knopfdruck einen Angestellten rufen (www.hointer.com).

Was Hointer bietet, klingt sehr abgefahren, doch ich möchte Ihnen zeigen, welches Spektrum bereits eröffnet ist und mit welchen Welten Unternehmer spielen, um ihre Kunden zu überraschen. Denn, so der niederländische Philosoph und Psychoanalytiker Antoine Mooij im Magazin *Flow* über unsere Zeit: »Wir leben in einer Sofort-Kultur. Alles, was wir wollen, soll direkt erfüllt werden, egal, ob es materielle Wünsche sind oder ein Bedürfnis nach Kontakt.« Aus diesem Grund hat sich die Commonwealth Bank of Australia eine sehr smarte App für Immobilieninteressierte ausgedacht. Kunden geben ein Foto von ihrem Traumhaus ein, und die App filtert via Bilderkennungssoftware das Angebot in der Datenbank. Versehen mit Preis, Nebenkosten, Steuern und einer Analyse der finanziellen Lage des Interessenten, seiner Kreditwürdigkeit bis hin zu einer Auswahl an Kreditanbietern (www.commbank.com.au/propertyapp). Maßgeschneiderter Service zum Staunen!

Cooles Internet-Shopping mit haptischen Eindrücken begeistert die Kunden.

Aftersales – verschenktes Begeisterungspotenzial

Der Kunde hat gekauft, Sie haben geliefert, der Kunde ist begeistert. Und nun? War's das schon? Die größten Potenziale in puncto Kundenbegeisterung liegen nicht nur im Service, sondern auch im Aftersales. Vereinfacht ausgedrückt: Aftersales beschäftigt sich mit der Frage, wie Sie mit Ihren Kunden umgehen, nachdem (after) Sie ihnen etwas verkauft (sales) haben. Instinktiv machen viele Verkäufer einen Haken hinter den Verkaufserfolg und kümmern sich um den nächsten Neukunden. Neukundengewinnung ist jedoch ein hartes Brot, denn bis Sie diesen Kunden wieder zu einem Fan gemacht haben, brauchen Sie unter Umständen viel Zeit.

Eine Bekannte erzählte mir, dass sie nach einer umfangreichen Zahnbehandlung von ihrer Ärztin nicht nur Tabletten mitbekam für den Fall, dass die Schmerzen stärker würden (was ihr ersparte, mit dicker Backe in die nächste Apotheke laufen zu müssen), sondern dass diese ihr zusätzlich ihre private Telefonnummer zusteckte, damit sie einen SOS-Ruf absetzen könnte. Auch wenn meiner Bekannten bereits beim Einstecken klar war, dass sie nie darauf zurückgreifen würde, war es doch schön zu wissen, dass da jemand in der Not greifbar wäre. Das hat ihr ein gutes Gefühl und Sicherheit geben. Als dann zusätzlich die Zahnärztin zwei Tage später bei ihr anrief und sich nach ihrem Wohlbefinden erkundigte, war die Begeisterung mehr als groß. Dass sie beim nächsten Mal wieder in diese Praxis gehen würde, stand außer Frage.

Wiederkommen wollte ein guter Freund zu diesem Seminar garantiert nicht mehr: ein Rauchentwöhnungsseminar in einem Münchner Vorort. Jeder durfte, bevor es mit dem blauen Dunst zu Ende sein sollte, noch einmal so viel und so genussvoll wie möglich qualmen. Hinterher hatte ein Großteil der Teilnehmer Kopfschmerzen und war ganz schön genervt. Gut so, meinte der Trainer, als er die Gruppe entließ, denn so sei es umso leichter aufzuhören. Tatsächlich, bestätigte mein Freund, waren die ersten Tage ohne große Lust auf eine Zigarette zu überstehen. Bis zum dritten Tag nach dem Seminar. Und exakt an diesem Tag lag ein Brief im Briefkasten, in dem stand: »Sie würden im Moment vieles für eine Zigarette geben, richtig?« Jaaaa! »Doch«, hieß es weiter, »halten Sie durch! Sie haben bereits einen großen Schritt gemacht, die Sucht zu bewältigen, die sich kurz noch einmal meldet ...« In der Tat war es so. Mein Freund glaubt, dass er es nur durch dieses Schreiben schaffte, durchzuhalten und dem Rauchen endgültig den Rücken zu kehren.

> **Wer sich im Aftersales engagiert, kann seine Kunden nachhaltig begeistern und zu treuen Fans machen.**

Die Bank Austria schaffte es, mich als Kunden durch eine besondere Aftersales-Maßnahme zu überraschen. In ihrem Kunstforum sah ich mir nach einem Vortrag in Wien die Basquiat-Warhol-Ausstellung an. Neben den Bildern gab es eine Station mit Kopfhörern, an der man sich eine Sammlung von Songs anhören konnte, zu der die beiden Künstler während ihrer Zusammenarbeit malten. Das war richtig gute, inspirierende Musik, die ich mir auf CD im Museumsshop kaufen wollte. Doch weit gefehlt, es gab das Album nicht käuflich zu erwerben, wohl aber als kostenlosen Download auf Spotify. »Ganz unten auf der Webseite sind die ganzen Songs zum freien Herunterladen«, meinte die freundliche Kassiererin des Shops. Sicher war ich nicht der einzige Museumsbesucher, den dieses Goodie echt beeindruckte.

GELEGENHEITEN, SICH BEIM KUNDEN INS GEDÄCHTNIS ZU RUFEN:

- Sie laden zu einer hochwertigen Kundenveranstaltung ein.
- Sie haben ein neues Produkt, eine neue Dienstleistung im Portfolio.
- Es gibt Updates Ihrer Produkte und Dienstleistungen.
- Sie gründen einen exklusiven Kunden-Club mit Mitgliedervorteilen und laden Ihre Kunden dazu ein.
- Sie launchen eine Kundenzeitschrift oder einen Newsletter.

Der größte Begeisterungsfaktor: der Mensch

Produkte und Dienstleistungen sind vergleichbar, meistens austauschbar, Menschen nicht. Jeder von uns hat ein Monopol auf sich selbst und ist damit streng genommen ein marktbeherrschendes Element, das als alleiniger Anbieter auftritt. Machen Sie sich das bewusst: Sie sind ein Angebotsmonopolist. »Warum soll ich ausgerechnet bei Ihnen einen Vortrag buchen?«, hat mich ein Unternehmer einmal gefragt. Es konnte nur eine Antwort aus tiefstem Herzen geben »Weil Sie *mich* bekommen!«, PJB persönlich, live und hautnah.

DU bist es und niemand sonst, der andere für Dich einnehmen kann. Durch Dein Auftreten, Deine Leidenschaft, Deine Persönlichkeit. Wenn wir aus unseren Produkten und Dienstleistungen nichts machen, passiert im Verkauf nichts. Und wieder einmal mehr sind es die klassischen Soft Skills, die uns erfolgreicher machen.

Hören Sie aktiv zu!

Aktiv zuhören ist eine der schwierigsten Übungen in meinen Rhetorikseminaren. Selten scheitern bei einer Übung so viele Teilnehmer, und dabei spielt es keine Rolle, ob Führungskraft oder »einfacher« Angestellter. Doch in dieser Urtugend zwischenmenschlicher Kommunikation liegt ein Riesenpotenzial. Aktiv zuhören zu können bedeutet, den Kunden nicht sofort mit Verkaufsargumenten zu bombardieren, sondern erst einmal herauszufinden, was er wünscht, und ihn durch Nachfragen zu animieren, konkreter zu werden. Schließlich gilt, dass in der Wirtschaft diejenigen die Gewinner sein werden, die die besten emotionalen Beziehungen aufbauen. Und das beginnt nun mal beim Interesse für den anderen und beim aktivem Zuhören. (Das ist in Sachen Mitarbeiterbegeisterung nicht anders, mehr dazu im Kapitel »Mitarbeiter begeistern: Vom Mitarbeiter zum Fan«.) Der Kunde will sich verstanden und wohlfühlen, ohne das Gefühl zu haben, der andere verbiegt sich für ihn.

Gewinnen Sie mit Humor!

Meine Überzeugung ist: Wer nicht lachen kann, hat im Verkauf nichts zu suchen. Auch die Wissenschaft hat das Thema Humor mittlerweile für sich entdeckt. Alan Reiss von der Stanford University sagte einmal: »Humor scheint sich in der Evolution bewährt zu haben, weil Menschen durch ihn sehr effizient Informationen austauschen können.«

Humor ist ein Schlüssel zu mehr Kreativität und Innovation.

Mithilfe von funktioneller Magnetresonanztomografie hat Reiss herausgefunden, dass verschiedene Belohnungszentren in den Gehirnen der Probanden aktiv wurden, wenn diese etwas witzig fanden. Dadurch, dass die Mimik direkt mit dem Gefühlszentrum verbunden ist, entsteht durch Humor ein gutes Gefühl. Bei uns, aber natürlich auch beim Kunden. Ich gehe sogar so weit zu sagen, dass Humor ein Wirtschaftsfaktor ist: Eine Menge von Studien haben gezeigt, dass Menschen, die sich zunächst mit etwas Humorvollem beschäftigen und dann ein Brainstorming zur Produktentwicklung oder Problemlösung machen sollen, mehr Lösungen sowie eine größere Bandbreite an Ideen entwickeln. Humor ist also ein Schlüssel zu mehr Kreativität und Innovation.

Mithilfe von Humor – der künstlichen Überhöhung eines Missgeschicks oder einer verzwickten augenblicklichen Lage – nimmt man einer Situation auch das Bedrohliche. Optimistisch wie kämpferisch zeigt der Humorvolle, dass er nicht ohne Gegenwehr klein beigibt. Am Tag seiner Hinrichtung soll der legendäre Räuber Kneißl gesagt haben: »Die Woche fängt schon gut an.« Humor entspannt und schenkt beiden Seiten Hoffnung, man wird, indem man sich dümmer macht, als man ist, stärker, als man scheint. Diese Selbsttröstung empfand sogar der Begründer der Psychoanalyse, Sigmund Freud (1856–1939) als etwas Großartiges und Erhebendes. Er war der Meinung, Humor hätte nicht nur etwas Befreiendes, sondern wäre gar ein Lustgewinn, zeigt er doch ein intelligentes Spiel mit misslichen Sachverhalten.

Hätten Sie's für möglich gehalten, ...

... dass es sogar eine eigene Lachwissenschaft gibt?
Die Gelotologie beschäftigt sich mit den körperlichen und psychischen Auswirkungen des Lachens.

... dass Lachen von führenden Ärzten empfohlen wird, weil es das Immunsystem stärkt, Schmerzen erträglicher macht und die Produktion von Endorphinen, also körpereigenen Glückshormonen, anregt?
Die Gesichtsmuskeln lockern sich, die Synapsen werden durchgeschüttelt und die Hirnwindungen freigeblasen – gut für die Kreativität.

... dass Menschen, die miteinander lachen können, auch besser kooperieren?
Das behauptet zumindest der Züricher Psychologieprofessor Willibald Ruch. Er ist Veranstalter eines jährlich stattfindenden Symposiums der internationalen Humorforschung und ist sich sicher: »Humor kann ein positives Klima erzeugen, das auch bei Firmen die Widerstandskraft, auch während Belastungen erhöhen kann.«

Wissen Sie um Gehirngoogle – the Power of Words!
Wenn Sie Ihre Kunden begeistern wollen, dann denken Sie in Ihren Verkaufsgesprächen und Businesspräsentationen daran, dass das menschliche Gehirn wie eine Suchmaschine funktioniert. Quasi Gehirngoogle: Sie »geben« Ihrem Gegenüber ein emotionales Wort, drücken auf eine imaginäre ENTER-Taste, und binnen Bruchteilen von Sekunden spuckt sein Gehirn Bilder und Gefühle dazu aus.

Unser Gehirn, diese Hochleistungsmaschine, verfügt zwischen 100 Milliarden und einer Billion Nervenzellen und verarbeitet elf Millionen Reize pro Sekunde. Reize, die wir über unsere Sinnesorgane Augen, Ohren, Nase, Munde etc. aufnehmen. Innerhalb einer Tausendstelsekunde nach Reizauslösung wird in unserem Gehirn eine emotionale Reaktion ausgelöst, das heißt, wir hören einen Begriff und innerhalb einer Tausendstelsekunde bringen wir damit Erfahrungen, Zustände und Emotionen in Verbindung. In unserem Gehirn läuft ein sogenanntes permanentes »Matching« ab.

Ein Beispiel: Das Wort »Freude«, was löst das bei Ihnen aus? Oder »Erfolg« – woran denken Sie? Diese gezielt eingesetzten positiv besetzten Wörter nenne ich »Hot Words«. Mit diesen Ankern können Sie den emotionalen Zustand Ihres Gesprächspartners oder Zuhörers entscheidend beeinflussen. Zusätzlich können Sie durch den bewussten Einsatz Ihrer Stimme die Wirkung dieser Wörter verstärken. Zum Beispiel durch eine besondere Betonung, durch einen Wechsel des Sprechtempos oder des Tonfalls. Um mir bei größeren Vortragsgruppen nach der Mittagspause die Aufmerksamkeit wieder zurückzuholen, gibt es für mich zwei »heiße« Wörter: Bei Gruppen mit überwiegend Damen im Publikum lautet das eine Wort »Zalando!«, bei Gruppen mit einem großen Anteil an Männern – mindestens genauso inbrünstig intoniert – »Freibier!« Probieren Sie's aus.

Wussten Sie, …

… dass einer Studie der Universität Konstanz zufolge unser Gehirn emotionale Wörter wie »Freude«, »Spaß«, »Liebe« besser abspeichert als neutrale Wörter?
Unter anderem aus diesem Grund schreiben wir bei PJB Kommunikation auf alle unsere Auftragsbestätigungen den Satz: »Wir freuen uns sehr, dass Sie uns gewählt haben, denn wir wissen, Sie hatten die Wahl.«

… dass in der chinesischen Hauptstadt Peking auf Plakatwerbungen für Luxusgüter bestimmte Wörter wie »königlich«, »Luxus« oder »hochwertig« verboten sind?
Ziel des Verbotes ist es, die größer werdende Kluft zwischen Arm und Reich nicht weiter zu vertiefen. Wörter wirken.

Das Erfolgsgeheimnis charismatischer Menschen liegt übrigens darin, dass sie in bildhaften Vergleichen sprechen. Sie zeigen ihre Gefühle und wirken dadurch auch leidenschaftlich und »intensiv«. Sie agieren emotional. So sagte Vorzeigecharismatiker Bill Clinton nicht etwa: »Ich kann Ihren Standpunkt verstehen«, sondern: »Ich kann Ihren Schmerz nachfühlen.« Damit lassen Charismatiker uns glauben, dass sie unsere geheimen Wünsche und Sehnsüchte kennen, und schaffen es, uns in ihren Bann zu ziehen. Indem sie, meint der Sozialpsychologe Ronald Riggio gegenüber der *Psychologie heute*, ihre Gefühle auf eine Weise artikulieren, die Zuhörer anspricht, begeistert und zum Handeln motiviert. Sie sehen die Gefühle der anderen und können sie in ihren Handlungen berücksichtigen. Und das genau macht Charismatiker aus.

»Hot Words« für Ihre Kundengespräche

Anmut, Ausdauer, Baby, Begeisterung, Echtheit, Ehrlichkeit, Ekstase, Emotion, Entspannung, Erfüllung, Freiheit, Freude, Freundlichkeit, Friede, Geborgenheit, Geduld, Gefühl, Gerechtigkeit, Gewinn, Glaube, Glück, Gnade, Güte, Herausforderung, Hoffnung, Innovation, Klugheit, Leistung, Liebe, Mut, Neuigkeit, Power, Pracht, Ruhm, Schönheit, Segen, Stärke, Stolz, Treue, Vertrauen, Wert …

»Hot«-Attribute und -Adjektive

anziehend, attraktiv, beeindruckend, begeisternd, bewundernswert, bezaubernd, brillant, deliziös, elegant, energiegeladen, fantastisch, farbenfroh, fortschrittlich, genial, grandios, graziös, gut, hervorragend, innovativ, kristallklar, magisch, neu, phänomenal, progressiv, schön, spektakulär, stimulierend, stolz, super, superb, toll, überzeugend, verführerisch, wunderbar …

»Cold Words«, die Sie meiden sollten

Natürlich gibt es auch Wörter, die das glatte Gegenteil, eben negative Emotionen auslösen. Diese sind beispielsweise: *Angst, Eifersucht, Hass, Misserfolg, Pessimismus, Problem, Schmerz, Stress, Terror, Tod, Verlust, Versagen, Zerstörung …*

»Cold«-Attribute und -Adjektive

stinkend, bohrend, beißend, elendig, hasserfüllt, mies, unterirdisch …

Versuchen Sie, diese negativ besetzten Worte ebenso zu vermeiden wie Weichmacher und Worthülsen, also Worte, die im Gespräch immer einen diffusen, unklaren Standpunkt vermitteln. Diese Worte und Begriffe stehen für Unsicherheit und Belanglosigkeit. Um klar und direkt rüberzukommen, sollten Sie auf folgende schwammigen Worte und Aussagen verzichten: *Sozusagen, eigentlich, vielleicht, irgendwie, praktisch, im Prinzip, an und für sich, wie man so schön sagt, ich möchte mich kurz vorstellen, ich glaube, ich denke, sollte, könnte, müsste …*

Einer meiner Lieblingsnegativsätze lautet: »*Also, eigentlich bin ich davon nicht so begeistert, vielleicht sollte man zuerst lieber eine weitere Meinung dazu einholen. Das wäre doch vernünftiger, oder?*« Sagen wir mal so: Entschlossenheit klingt anders.

Interessant

Die Roland-Berger-Studie *Dem Kunden auf der Spur* fand heraus, dass auch in virtuellen Shops eine emotionale Ansprache enorme Auswirkungen auf das Kaufverhalten und die Kundenbindung hat. »Gelingt es einem Online-Shop, seine Kunden zu begeistern und emotional zu binden, ist die Wirkung auf die Kauffrequenz mehr als doppelt so hoch, als es in einem stationären Ladengeschäft der Fall wäre«, folgerten die Autoren der Studie *Salestrends*.

Seien Sie schlagfertig!

Schlagfertigkeit ist ebenfalls ein grandioses Instrument, um Kunden beziehungsweise Menschen allgemein für sich einzunehmen. »Schlagfertigkeit ist die Umsetzung von Intelligenz mittels maximaler Geschwindigkeit«, hat mal ein kluger Kopf gesagt. Wir alle wissen aber, was Schlagfertigkeit in den meisten Fällen ist: das, was uns auf dem Nachhauseweg einfällt. Ja, oftmals findet man erst Stunden später, nach einigem Grübeln, den richtigen Konter. Beim Verkaufsgespräch ist das etwas anders, da können Sie sich vorbereiten, denn häufig begegnen uns immer wieder die gleichen Einwände. Etwa der Klassiker: »Das ist zu teuer.« Seien Sie vorbereitet! Legen Sie mit dem heutigen Tag eine richtig gute Schlagfertigkeitsbibliothek in Ihrem Smartphone an, und taggen Sie die Einträge, damit Sie die passende Antwort schnell per Suchfunktion finden.

Auf den Einwand »Das ist zu teuer« könnten Sie in Zukunft antworten:

- »Gemessen an der Qualität ist das nicht teuer.«
- »Schauen Sie, das ist wie beim Autokauf: Da nehmen Sie einmal Geld in die Hand und bekommen etwas Ordentliches.«
- »Verglichen mit dem, was es Ihnen an Nutzen bringt, ist das fast geschenkt.«
- »Ist Ihnen das Produkt / die Dienstleistung zu teuer oder der Preis zu hoch?«
- »Es gibt immer eine billigere Dienstleistung / ein billigeres Produkt, aber keine bessere.«
- »Ich kann verstehen, dass Sie auf ein gutes Preis-Leistungs-Verhältnis Wert legen.«

Schlagfertig ist leider oft das, was uns auf dem Nachhauseweg einfällt – seien Sie deshalb immer vorbereitet!

Die Tags für diesen Eintrag könnten lauten: Preis, Preisverhandlung, teuer, billig.

Legen Sie sich auch für andere Anlässe ein Nachschlagewerk mit gut sortierten Pointen, Antworten, Sprüchen und Anekdoten zu. Grundlage dieser Sammlung kann Facebook sein, einschlägige Seiten im Internet, witzige Sprüche anderer, Ihre eigenen Ideen oder etwas, das Sie im Radio oder im Fernsehen gehört oder gesehen oder in einem Magazin gelesen haben. Wichtig ist, dass Sie solche »Wordings« aufschreiben, die Bibliothek gut pflegen und immer wieder darin blättern. Nur so können Sie bei der nächstbesten Gelegenheit locker einen Satz ins Gespräch einflechten und einen Treffer landen. Nichts wirkt in einem solchen Moment souveräner und unangreifbarer, als freundlich und humorvoll zu parieren. Gertrud Steinbrück hat ihrem etwas hitzigen Gatten Peer vor dem Kanzlerduell geraten: »Wenn du dich angegriffen fühlst, halte kurz inne, atme aus und verteidige dich erst dann.«

Präsentieren Sie multisensorisch!
Markenkommunikation funktioniert über alle Sinne, die dem Menschen zur Verfügung stehen. Gerade in Märkten mit hohem Wettbe-

werbsdruck lohnt es sich, die Marke beim Konsumenten multisensorisch zu kommunizieren. Sprechen Sie bei Ihren Produktpräsentationen alle fünf Sinneskanäle an.

Visuell: Was hat Ihr Produkt hinsichtlich der Optik Herausragendes zu bieten? Was ist die Design-Idee, die dahintersteckt? Warum ausgerechnet diese Farbe und keine andere? Warum der Glanz?

Auditiv: Was erzeugt Ihr Produkt für angenehme Geräusche? Warum war das Thema Sounddesign bei der Konzeptionierung des Produktes so wichtig? Hintergrund: Das Gehör ist nach dem Visus der zweitwichtigste Sinneskanal des Menschen.

Kinästhetisch: Wie fühlt sich das Produkt an? Wie ist die Haptik (weich, samtig, extrem glatte Oberfläche …)? Spüren Sie das gebürstete Material, wenn Sie mit Ihrer Hand darüberstreichen?

Olfaktorisch: Wie angenehm riecht Ihr Produkt? Oder vielleicht riecht man eben gerade *nichts* – im Vergleich zu Konkurrenzprodukten.

Gustatorisch: Wie schmeckt das Produkt? (Zugegeben, dieser Sinneskanal lässt sich bevorzugt beim Verkauf von Lebensmitteln bespielen. Oder würden Sie Ihren Geschäftspartner in ein Stück Metall beißen lassen?)

> **Wenn wir Sinneseindrücke bewusst erzeugen, bleiben wir stärker im Gedächtnis unserer Kunden haften.**

Große erfolgreiche Unternehmen haben das Potenzial des multisensorischen Verkaufs beziehungsweise Marketings längst erkannt. So wurde für Singapore Airlines ein spezieller »Corporate Scent«, also ein firmenspezifischer Duft entwickelt. Ein Duftanker, der das Firmenimage stärken soll. In den Flugzeugen der Asiaten benutzen die Flugbegleiter den Geruch als Parfüm und verteilen Handtücher mit dem unternehmenseigenen Aroma. Dasselbe Prinzip verfolgt das amerikanische Modeunternehmen Abercrombie & Fitch. Wenn Sie schon mal an einem der Läden vorbeigelaufen sind, wissen Sie, was ich meine. Lush, der britische Seifen- und Kosmetikhersteller, könnte in den Fußgängerzonen getrost auf ein Firmenschild verzichten, denn Sie als Passant riechen bereits 50 Meter gegen den Wind, dass Sie jetzt gleich an einer Filiale vorbeikommen.

»Nimmt man Bilder, das Gehör oder Gerüche zum Speichern von Information dazu, lassen sie sich noch schneller und leichter im Langzeitgedächtnis verankern«, erklärte mir Prof. Dr. Hans Georg Nehen, Leiter der Memory Clinic in Essen. Das bedeutet, wenn wir Sinneseindrücke bewusst erzeugen, bleiben wir stärker im Gedächtnis unseres Kunden haften. Wir schaffen es, auf diesem Weg unser Gegenüber intensiver zu berühren und für uns einzunehmen.

Vom Kunden zum Fan: Ihr Radiospot

Haben Sie schon mal versucht, in nur 30 Sekunden aus einem Kunden einen Fan zu machen? Also nicht im Rahmen eines langen Beratungsgespräches, sondern hoch verdichtet in nur 30 Sekunden? In einer Art Turbopräsentation? Eine spannende Aufgabe, die Sie gleich lösen werden.

Viel zu viele Verkaufsgespräche und Präsentationen sind zeit- und energieraubend, weil sie mit Zahlen, Daten und Fakten hoffnungslos überladen und dramaturgisch nicht im Ansatz durchdacht sind. Bei einem guten Radiospot gelten andere Gesetze: Man weiß, wie teuer die Werbesekunde ist, und beschränkt sich daher auf knackige Aussagen. Auf die sogenannten »Keypoints«. Time is money, nirgendwo sonst ist dieser Spruch zutreffender.

Bei der landesweiten Radiostation, für die ich seit 1993 tätig sein darf, kostet die Werbesekunde zur besten Sendezeit rund 70 Euro. Das heißt, die einmalige Ausstrahlung eines 30-sekündigen Werbespots schlägt mit 2100 Euro zu Buche. Dann ist der Spot exakt einmal gelaufen, von einer Kampagne gar nicht zu reden. Mit der Aufmerksamkeit in Beratungsgesprächen und Präsentationen verhält es sich ähnlich: Sie will teuer erkauft werden. Da reden die Engländer nicht lange um den heißen Brei, sondern sagen ganz klar »to pay attention«. Aufmerksamkeit ist also eine wertvolle Währung. Wenn Ihnen jemand zuhört, werden Sie mit der wohl wertvollsten Währung der Welt belohnt.

Ein Radiospot soll Aufmerksamkeit erzeugen, den Zuhörer emotional berühren und schlussendlich den Umsatz steigern. Bevor Sie gleich ans Werk gehen: Ihr persönlicher Radiospot könnte folgendermaßen aufgebaut sein:

> Nicht umsonst sagen die Engländer »to pay attention« – Aufmerksamkeit ist im Business die wohl wertvollste Währung der Welt.

Einstieg: Um gleich gut in den Spot reinzukommen, beginnen Sie bitte mit Ihrem Vor- und Zunamen und dem Namen Ihres Unternehmens.

Kernaussage: Welchen Nutzen hat Ihr Zuhörer von Ihrem Produkt / Ihrer Dienstleistung? Was kann Ihre Firma / Ihr Produkt / Ihre Dienstleistung, was die Konkurrenz nicht kann? Haben Sie etwas überraschend anderes im Angebot, was Sie von Ihren Mitbewerbern abhebt? Können Sie Ihr Produkt beziehungsweise Ihre Dienstleistung individuell auf die Bedürfnisse Ihrer Kunden zuschneiden? Können Sie Ihr Produkt multisensorisch beschreiben? (Hilfreich ist an dieser Stelle die Begeisterungsmatrix im Kapitel »Begeisterung beginnt bei der Erwartungshaltung«.)

Schluss: Entweder ein kurzer, prägnanter, origineller, emotionaler Slogan, ein Appell und / oder die Website, unter der Ihre Leistungen zu finden sind.

Ein einfaches Beispiel:

Einstieg: *»Hallo, hier ist Helmut Müller, Ihr »Oberarzt« vom PC-Notdienst Wilhelmshaven.«*

Kernaussage: *» Wir begeistern Sie vor allem durch schnelle Hilfe, wenn sich Ihr Computer in der größten Hektik mal wieder verabschiedet hat. Innerhalb von maximal 60 Minuten ist einer unserer erfahrenen IT-Spezialisten garantiert bei Ihnen und bringt Ihr System wieder auf Vordermann. Gerne auch am Feierabend. Dann bringen wir nicht nur unser Know-how und unsere Leidenschaft mit, sondern auch noch Energydrinks für alle, die noch im Büro sind.*

Schluss: »*Der PC Notdienst Wilhelmshaven – wir sind erst begeistert, wenn Sie es sind. Mehr Infos unter www... .*«

Und jetzt sind Sie an der Reihe, jetzt heißt es für Sie: »Achtung, Aufnahme!«

Einstieg (Persönliche Vorstellung):

Hallo, hier ist .... (Name)

von .... (Unternehmen).

Kernaussage (Nutzen, USPs – Begeisterungsmatrix):

(Wir / ich begeistern / e unsere Kunden, indem wir / ich ...)

....

....

....

....

....

....

Schluss (Slogan, Appell, Webadresse ...):

....

....

....

Achtung: Vom Kunden zum Feind

Kennen Sie die Kopfstandmethode oder den Kritiker, eine Perspektive, die Walt Disney beim Entwickeln von Ideen gerne einnahm? Das machen wir jetzt auch, und deshalb drehen wir am Ende des Kapitels »Vom Kunden zum Fan« den Spieß um und machen aus dem Motto kurzerhand »Vom Kunden zum Feind«. Achtung, Ironie!

Werden Sie arrogant!

Arroganz ist ganz einfach: Am besten gehen Sie grundsätzlich davon aus, dass Sie alles wissen, was es zu Ihrem Produkt, Ihrer Branche und Ihren Kunden zu wissen gibt. Was in anderen Branchen vorgeht, braucht Sie nicht zu interessieren – in Ihrem Bereich tun Sie ja längst alles, was möglich ist. Und wenn es doch nicht so rund läuft? Tja, dann liegt es an den Umständen, an denen man nichts ändern kann.

Besser: Schauen Sie immer wieder über den eigenen Tellerrand hinaus, und beobachten Sie, was grundverschiedene Branchen so erfolgreich macht. Je mehr diese Branchen sich von Ihrer eigenen unterscheiden, desto größer ist für Sie das Lernpotenzial. Ein paar Beispiele:

- Sie sind Zulieferer für die Automobilindustrie und wollen Ihren Kundenservice auf Vordermann bringen? Schauen Sie, was erfolgreiche Bestattungsunternehmen machen.

- Sie sind in der Pharmabranche und suchen händeringend Biochemiker? Dann sichern Sie sich ein Ticket für die nächste Getränkemesse und halten Ausschau nach Bierbrauern.

- Sie verkaufen Schrauben und wollen mehr Dienstleistungsorientierung in Ihr Team bringen? Dann suchen Sie gezielt nach Mitarbeitern aus dem Hotel- und Gaststättengewerbe.

Stellen Sie sich, Ihre persönliche Performance und Ihr Unternehmen mindestens einmal am Tag komplett infrage. Hassen Sie Ihr Produkt, Ihre Dienstleistung, Ihre Art zu präsentieren, Ihre Performance beim Kunden, sich selbst ... Nur für zehn Minuten, um die Schwachstellen in Ihren Prozessen zu lokalisieren.

Das hasse ich	Das ändere ich	Dazu benötige ich	Ist erledigt am	Kontroll-check am

Eine Matrix, um sich selbst zu hinterfragen

Konzentrieren Sie sich auf das Problem und nicht auf die Lösung!
Ein klassisches Beispiel für Problemhypnose: Bei einem meiner letzten Urlaube sollte es, wie schon einmal in diesem Buch erwähnt, nach Südostasien, nach Myanmar gehen. Der Mitarbeiter im Reisebüro suchte dazu ein Hotel heraus. Der Einzige, dem dieses Hotel gefiel, war er selbst, sodass ich eine E-Mail an ihn schrieb:

Sehr geehrter Herr ...,
wären Sie bitte so nett und würden uns für das »Summit Park View«
Hotel in Yangon eine schöne Alternative anbieten. Das Hotel scheint
etwas in die Jahre gekommen zu sein, was die Homepage des »Summit
Park Views« verrät. Die Zimmer entsprechen so gar nicht unseren Vor-
stellungen ...

Darauf seine Antwort:

Selbstverständlich kümmere ich mich um Ihren Hoteländerungswunsch. Ich möchte aber anmerken, dass die Hotelsituation in Myanmar derzeit generell sehr angespannt ist. Die Nachfrage ist größer als das Angebot, und dies führt mit sich, dass viele gewünschte Hotels bereits ausgebucht sind oder aber durch eine unvorhergesehene Preispolitik negativ überraschen.

Sein erster Satz hätte eigentlich beginnen müssen mit den Worten »Selbstverständlich kümmere ich mich *widerwillig* um Ihren Hoteländerungswunsch ...«. Meine Antwort fiel entsprechend knapp aus: »Sagen Sie mir bitte nicht, was alles nicht geht, sondern sagen Sie mir, was geht.«

Stoppen Sie die Problemhypnose, konzentrieren Sie sich auf die Lösungsfindung.

Besser: Lösungsfindung statt Problemhypnose! 20 Prozent Problemerfassung, 80 Prozent Problemlösung. Wie Sie Lösungen finden können, wissen Sie an dieser Stelle bereits, wenn nicht, lesen Sie noch einmal das Kapitel über die »Begeisterungsturbos« und beachten Sie besonders die FORDEC-Methode.

Pfeifen Sie auf den persönlichen Kundenkontakt!

Persönlicher Kontakt? Puh, viel zu anstrengend. Schicken Sie stattdessen lieber mal einen langweiligen Serienbrief. Das ist doch viel effektiver, oder?

Besser: Individualisieren Sie Ihre Aussendungen. Eine handschriftliche Anrede im Serienbrief – »Sehr geehrte Frau Ackermann« – und Ihr Name am Ende des Briefes per Füller ist ein Muss. Und warum nicht auch mal bei A-Kunden die Briefkuverts per Hand beschriften?

Selbst wenn eine Kundenanfrage per E-Mail an Sie gerichtet wurde: Greifen Sie zum Telefonhörer! Per E-Mail kann man keine qualitativ hochwertigen Emotionen zum Ausdruck bringen.

Wählen Sie bewusst wieder die Auge-in-Auge-Variante, das persönliche Gespräch, den Vor-Ort-Besuch als Alternative zum Kundenkontakt vom Schreibtisch aus.

Finger weg von Innovationen!
Auf Innovationen können Sie getrost verzichten. Halten Sie stattdessen einfach weiterhin an Ihrem alten Krempel fest. Sagen Sie sich einfach immer wieder: war gut, ist gut, bleibt gut.

Besser: Binden Sie Ihre Kunden in Innovationsprozesse ein. Studieren Sie Trendmagazine, besuchen Sie Messen, Vorträge und Seminare. Gehen Sie mit offenen Augen durch andere Städte. Der britische Unternehmer und Milliardär Richard Branson gibt den Tipp: »Alles, was mit Augen und Ohren erfasst werden kann, darf geklaut werden.« Und durchleuchten Sie immer wieder kritisch Ihre Prozesse. Dabei hilft Ihnen der folgende Fragebogen:

Kundenbegeisterung durch Service-Innovation:

»*Es herrscht eine Kultur vor, die neue Ideen willkommen heißt (auch zufällige), die sie aufnimmt und weiterentwickelt.*«

	1	2	3	4	5	6	
Trifft gar nicht zu.							Trifft voll zu.

»*An der Verbesserung von Service-Qualität wird permanent gearbeitet.*«

	1	2	3	4	5	6	
Trifft gar nicht zu.							Trifft voll zu.

»*Wir verschaffen uns regelmäßig einen Überblick über bereits vorhandene Leistungen und deren Beitrag zur Steigerung von Kundenbegeisterung.*«

	1	2	3	4	5	6	
Trifft gar nicht zu.							Trifft voll zu.

»Wir stellen uns und unsere Leistungen regelmäßig infrage. Stichwort: Kopfstand-
beziehungsweise *Kritiker-Methode!*«

	1	2	3	4	5	6	
Trifft gar nicht zu.							Trifft voll zu.

»Wir prüfen, bei welchen Kunden wir mit welchen Leistungen einen deutlichen
Wettbewerbsvorteil erzielen und bei welchen es hapert.«

	1	2	3	4	5	6	
Trifft gar nicht zu.							Trifft voll zu.

»Wir betreiben Konkurrenzbeobachtung und lassen uns auch mal von Mitbewerbern
inspirieren.«

	1	2	3	4	5	6	
Trifft gar nicht zu.							Trifft voll zu.

»Wir setzen uns mit den sich stets wandelnden Bedürfnissen unserer Kunden proaktiv
auseinander.«

	1	2	3	4	5	6	
Trifft gar nicht zu.							Trifft voll zu.

»Wir betreiben Mystery Shopping (Testkäufe), testen uns selbst und die Leistungen
unserer Mitarbeiter auf Herz und Nieren mit dem Ziel, uns zu verbessern.«

	1	2	3	4	5	6	
Trifft gar nicht zu.							Trifft voll zu.

»Fehler werden bei uns nicht geahndet, sondern als Basis betrachtet, um daraus zu lernen.«

	1	2	3	4	5	6	
Trifft gar nicht zu.							Trifft voll zu.

»Wir erkennen und erfassen systematisch die Bedürfnisse unserer Kunden, untergliedert in Kundengruppen. Etwa durch Erfassung von Kundenerlebnissen.« (Mehr zu diesem Thema nach dem Fragebogen.)

	1	2	3	4	5	6	
Trifft gar nicht zu.							Trifft voll zu.

»Wir erarbeiten Kundenanforderungsprofile.«

	1	2	3	4	5	6	
Trifft gar nicht zu.							Trifft voll zu.

»Ein echtes, ehrliches Interesse der Mitarbeiter und der Führung am Kunden gehört zur Unternehmensphilosophie.«

	1	2	3	4	5	6	
Trifft gar nicht zu.							Trifft voll zu.

»Unsere Mitarbeiter werden als wertvolle Innovationsquelle angesehen und dürfen als solche agieren.«

	1	2	3	4	5	6	
Trifft gar nicht zu.							Trifft voll zu.

»Unsere Mitarbeiter – auch solche, die keinen direkten Kontakt zum Kunden haben – wissen um die speziellen Anforderungen unserer Kunden.«

	1	2	3	4	5	6	
Trifft gar nicht zu.							Trifft voll zu.

»Wir sind uns im Klaren, wie wichtig es ist, dass jeder Mitarbeiter die Bedeutung seiner Arbeit für das Unternehmen kennt und um unser Unternehmensziel weiß.«

	1	2	3	4	5	6	
Trifft gar nicht zu.							Trifft voll zu.

»Wir arbeiten sowohl extern als auch intern an der Verbesserung des Kundenservices.«

	1	2	3	4	5	6	
Trifft gar nicht zu.							Trifft voll zu.

Um Ihre Kunden durch innovativen Service zu begeistern, sollten Sie wissen, was Ihre Kunden bewegt. Kundenerlebnisse lassen sich am besten durch eine standardisierte Befragung erfassen. Das Problem hierbei ist allerdings, dass Kunden ihre Erlebnisse in der Regel sehr knapp schildern. Um das zu verhindern, gibt es zwei Möglichkeiten:

- Erstens können Sie die Kunden nach ihren herausragenden Erlebnissen fragen. Nach Erlebnissen, die diese als äußerst positiv beziehungsweise äußerst negativ empfunden haben.

- Zweitens können Sie Ihre Kunden, um etwa den Prozess Ihrer Dienstleistung genauer unter die Lupe zu nehmen, zu ihrem Kundenpfad befragen. Dabei unterteilen Sie diesen in »Betreten des Geschäftes«, »Warenpräsentation«, »erster Eindruck Mitarbeiter«, »Ansprache«, »Verkauf«, »Weg zur Kasse«, »Verlassen des Geschäfts«. Zu diesen Stationen fragen Sie die Erlebnisse Ihrer Kunden ab und deren Relevanz. Das heißt, waren es normale Erlebnisse, begeisternde oder negative? Am Ende sollen die Kunden ihr Service-Erlebnis bewerten.

Verfallen Sie möglichst oft in die Rübenrauschkommunikation!
Rübenrauschkommunikation ist ein klassischer Begeisterungskiller aus der Abteilung »Fachidiot schlägt Kunden tot«. Dazu neigen besonders Spezialisten mit hohem Fachwissen. Alles, was diesen Experten im Beratungsgespräch durch die Rübe rauscht, wird kommuniziert. Verbal-Diarrhö. So wie einmal beim Zahnarzt. Ich fragte ihn: »*Was ist die beste Zahnpasta?*« Darauf seine unglaubliche Antwort:

Wissen Sie, Herr Baumgartner, wie abrasiv Zahnpasta auf die Zahn-Hartsubstanzen wirkt, hängt von der Härte, der Menge und der Größe der beigefügten Abrasivstoffe ab. Besonders bei frei liegenden Zahnhälsen sollte das im Vergleich zum Schmelz weiche Dentin schon gereinigt werden. Deshalb ist eine Zahnpasta mit geringer Abrasivität, sagen wir mal RDA 30, empfehlenswert. Eine Zahnpasta mit einer mittleren Abrasivität weist einen RDA-Wert von 60 bis 80 auf. Eine Zahnpasta mit einem RDA-Wert größer als 100 ist sehr stark abrasiv und nicht für die tägliche Anwendung geeignet. Außerdem haben Sie Approximalkaries.

Was wollte er mir damit sagen? Dass zwar meine Zähne in Ordnung sind, aber dafür mein Zahnfleisch raus muss?

Die Sondernutzung der deutschen Sprache durch Fachidioten sollte gesetzlich verboten werden. Wenn Sie etwas verkaufen, sind Sie der Dolmetscher zwischen Ihrem Produkt, Ihrer Dienstleistung, Ihrer Idee und dem Kunden. Wenn Sie Kisuaheli sprechen, gratuliere ich Ihnen, denn das ist in Europa eine sehr selten gesprochene Sprache. Wenn Ihr Gegenüber aber kein Kisuaheli versteht, haben Sie ein Problem.

Sie sind der Dolmetscher zwischen Ihrem Produkt oder Ihrer Dienstleistung und dem Kunden.

Ein weiteres Beispiel: Verstehen Sie Ihre Einkommenssteuererklärung noch? Ich nicht. Mein Vorschlag wurde allerdings beim Finanzamt München 1 weder kommentiert noch abgelehnt:

Einkommensteuererklärung 2014	Eingangsstempel
Steuernummer	

1. Wieviel Geld hast Du? _____ EUR

2. Wann können wir es bei Dir abholen? _____ Datum

_____

Unterschrift

Die Steuererklärung könnte so einfach sein …

Lassen Sie sich von schlechten Erfahrungen inspirieren!

Wenn Sie sich Ihre Kunden zu Feinden machen wollen, stehen Ihnen viele Wege offen. Der Kreativität sind keine Grenzen gesetzt, und Sie müssen das Rad auch nicht neu erfinden. Überlegen Sie einfach, mit welchen Mitteln es Unternehmen schon gelungen ist, Ihnen als Kunde jegliche Begeisterung zu rauben. Übertragen Sie die Methoden dann auf Ihre Kunden – oder, falls Ihnen Fans doch lieber sind als Feinde, machen Sie es einfach besser! Zum Abschluss des Kapitels daher ein Negativbeispiel aus der beliebten Kategorie: Das Gegenteil von »gut« ist »gut gemeint«:

Bei der Deutschen Bahn ging eine E-Mail-Kundenaktion ziemlich daneben. Mit »Drei Fragen für ein Lächeln zu Ihrem Geburtstag« kündigte die Bahn eine Überraschung an. Dieses »ganz persönliche Geschenk« würde man erhalten, wenn man seinen Lieblingskuchen und sein Lieblingsziel verraten würde. Bei mir ging gleich das Kopfkino los: Vielleicht eine Freifahrt nach Paris? Oder ein Kuchengutschein beim Konditor meiner Wahl? Die Realität war grausam: Nach dem

Beantworten der Fragen kam eine E-Mail mit einer Faltvorlage für einen Geburtstags-ICE, verbunden mit dem Hinweis »Falten Sie die Klebeflächen, und verteilen Sie den Kleber dünn.« Am Ende ein PS: »Da es uns nicht möglich ist, eine Torte per E-Mail zu schicken, haben wir ein Rezept für einen Geburtstagskuchen angehängt.«

ZUSAMMENFASSUNG

Das unterscheidet Kunden von Fans:

- Kunden muss man locken, Fans kommen von allein.
- Kunden geben ihr Geld, Fans ihr Herz.
- Kunden sind Kritiker, Fans Werbeträger.
- Kunden reklamieren, Fans verzeihen.

Kundenbegeisterung – warum?
Das Halten eines Kunden ist nachweislich betriebswirtschaftlich sinnvoller als das Gewinnen. Begeisterte, langjährige Kunden und damit Fans sind leichter einschätzbar und verursachen einen geringeren Dienstleistungs- und Serviceaufwand. Sie sind weniger preissensibel, weil ein Vertrauensverhältnis zum Unternehmen besteht.

Kundenbegeisterung ist ein strategisches Spiel mit der Erwartungshaltung des Gegenübers.
Als Formel gilt:
Begeisterung = Erwartungshaltung + X.
Das X ist das Add-On, der Special Effect, die Extrameile.
Achtung: Was den Kunden heute begeistert, ist morgen für ihn normal und übermorgen bereits selbstverständlich.

Beflügelnde Spielregeln, um Kunden zu begeistern:
- DU bist der größte Begeisterungsfaktor!
DU, Deine Persönlichkeit, Deine Performance beim Kunden, Dein Charakter, Deine Ideen, Deine Kreativität.
- Good enough versus Best in the World
Kunden wollen nicht die zweitbeste Lösung, sondern die für sie optimale.
- Hören Sie auf, Ihre Kunden zufriedenzustellen!
Kundenzufriedenheit sagt überhaupt nichts über die langfristige Beziehung aus. Begeisterung hingegen sorgt für langfristige Bindung.
- Tappen Sie nicht in die AGABU-Falle!
Sie wollen Kunden begeistern, haben es aber bislang noch nicht getan? Woran liegt es? An den Rahmenbedingungen, am sozialen Nichtdürfen, am Nichtkönnen oder am Nichtwollen?

Entwickeln Sie Begeisterungs-Intelligence mit den Begeisterungs-turbos!
- Turbo 1: Es dem Kunden so einfach wie möglich machen
- Turbo 2: Kunden auf Augenhöhe begegnen
- Turbo 3: antizyklisch denken
- Turbo 4: normabweichend handeln

Begeisterungsfaktor Mensch
Begeistern Sie, indem Sie
- aktiv zuhören,
- lachen können und Humor beweisen,
- Gehirngoogle betreiben, also um die Bedeutung der »Hot Words« und »Cold Words« wissen,
- Schlagfertigkeit demonstrieren und
- multisensorisch präsentieren.

Achtung: Vom Kunden zum Feind

Folgende Tipps helfen Ihnen, alles zu vergeigen – wenn Sie das denn wollen:

- Werden Sie arrogant hinsichtlich der Leistungsfähigkeit Ihres Produktes und Ihrer Dienstleistung, und hören Sie endlich auf, sich kritisch zu hinterfragen.
- Konzentrieren Sie sich auf das Problem und, nicht auf die Lösung!
- Pfeifen Sie auf den persönlichen Kundenkontakt und schicken Sie stattdessen lieber mal wieder einen langweiligen Serienbrief.
- Verzichten Sie Innovationen, und halten Sie weiterhin an Ihrem alten Krempel fest.
- Verfallen Sie möglichst oft in die Rübenrauschkommunikation! Frei nach dem Motto: »Fachidiot schlägt Kunden tot.«
- Lassen Sie sich von schlechten Erfahrungen inspirieren: Wie ist es Unternehmen gelungen, Sie vom Kunden zum Feind zu machen?

MITARBEITER BEGEISTERN:

Vom Mitarbeiter zum Fan

Wie Sie Mitarbeiter am einfachsten begeistern können, weiß eines meiner Lieblingsbücher, obwohl es darin gar nicht um unternehmerische Belange geht. In *Tipps für einen erfolgreichen Wahlkampf* von Quintus Tullius Cicero (120 v. Chr. – 43 v. Chr.) steht: »Durch drei Dinge werden die Menschen ja am ehesten zu Wohlwollen und Interesse an der Wahl geführt: durch erwiesene Wohltat, geweckte Hoffnung und spontane Sympathie.« Es hat sich also nicht allzu viel verändert seit dem alten Rom. Erwiesene Wohltat (in unserem Fall: Tantiemen, Boni, Anerkennung und Lob für den Mitarbeiter), geweckte Hoffnung (in Aussicht stellen der nächsten Karrierestufe) und Sympathie (Humor, Empathie, Vertrauen in die Führungskraft) begeistern Menschen auch in der Jetztzeit.

Erwiesene Wohltat, geweckte Hoffnung und Sympathie begeistern Menschen schon seit der Antike.

Wenn Sie als Führungskraft erste Wahl bei Ihrer Mannschaft sein wollen, dann ist das natürlich bei Weitem nicht alles. Das Thema »Mitarbeiterbegeisterung« ist sehr vielseitig, denn es geht auch um Handlungsspielräume, Anerkennung, Vertrauen, Fairness und Echtheit.

Spielregeln der Mitarbeiterbegeisterung

Wie Sie aus dem ersten Kapitel bereits wissen, geht es bei Begeisterung um das Feuer, um die Leidenschaft – und die beginnt bei einem selbst. Die drei wichtigsten Spielregeln der Mitarbeiterbegeisterung lauten:

Regel 1: DU bist der größte Begeisterungsfaktor!

DU, liebe Führungskraft, bist die treibende Kraft auf dem Weg vom Mitarbeiter zum Fan. DU, Deine Persönlichkeit, Deine Worte, Deine Körpersprache, Deine Stimme, Dein Auftritt, Deine Erscheinung, Deine Ideen, Dein Charakter, Deine Werte, Deine Kreativität, Deine innere Haltung zu dem, was Du tust. Nur wenn DU deine Mitarbeiter erreichst, werden sie tun, was DU Dir von ihnen wünschst.

Regel 2: Good enough versus Best in the World

Der »War for talents« ist eröffnet. Es reicht nicht mehr aus, nur ein Chef oder ein guter Chef zu sein. High Potentials können sich aussuchen, für wen sie arbeiten wollen, und das tun sie auch. Sie stellen die wichtigste und gleichzeitig knappste Ressource des Unternehmenserfolgs dar und stehen bei Headhuntern ganz oben auf der Wunschliste. Spätestens wenn Mitarbeiter in Ihrem Unternehmen witzeln: »Das Einzige, was bei uns in der Firma gut aufgelegt ist, ist der Telefonhörer!«, sollten Sie als Führungskraft aktiv werden.

Regel 3: Tappen Sie nicht in die AGABU-Falle!

Es gibt viele Unternehmen, die unter anderem deshalb äußerst erfolgreich sind und eine niedrige Fluktuationsrate ausweisen, weil sie ihre Mitarbeiter begeistern und dadurch motivieren. Mag sein, aber das funktioniert garantiert nicht bei Ihnen, denn: AGABU – Alles Ganz Anders Bei Uns! Wenn Sie herausfinden wollen, wieso das Thema Mitarbeiterbegeisterung in Ihrem Unternehmen / Ihrer Abteilung bislang noch nicht umgesetzt wurde, hilft Ihnen der AGABU-Checkup im ersten Kapitel unter »Beflügelnde Spielregeln« auf die Sprünge.

Vom Warum zum Was: der Golden Circle

Warum sind einige Organisationen und einige Führungskräfte in der Lage, andere Menschen zu begeistern – und andere nicht? Warum war gerade Martin Luther King der Anführer der Bürgerrechtsbewegung in Amerika? Warum wurde Apple so unglaublich erfolgreich? Wieso haben es ausgerechnet die Gebrüder Wright geschafft, das erste Flugzeug zu bauen, das wirklich fliegen konnte, und nicht ihr Gegenspieler Samuel Pierpont Langley?

Als ich im Internet auf den 20-Minuten-Vortrag *How great leaders inspire action* des amerikanischen Autors und Marketingexperten Simon Sinek stieß (www.ted.com/speakers/simon_sinek), war ich wie elektrisiert. So etwas bestechend Einfaches und damit Großartiges hatte ich schon lange nicht mehr gesehen. In den darauffolgenden Tagen stellte ich meine Kommunikation komplett um. Und zwar nicht nur in meinen Mitarbeitergesprächen, Vorträgen, Seminaren und Beratungen, sondern ich optimierte auch gleich noch meinen kompletten Internetauftritt, meinen Videotrailer, meine Verkaufsphilosophie, meine Flyer und Broschüren – einfach alles. Es kam einem Quantensprung gleich. Simon Sinek hat mir gezeigt, welcher andere Weg noch zu Begeisterung und Erfolg führen kann, und dafür bin ich ihm unendlich dankbar.

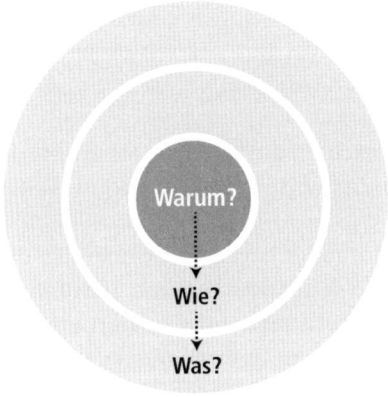

Golden Circle

Anmerkung: Der Golden Circle funktioniert sowohl in der Mitarbeiterbegeisterung (Vom Mitarbeiter zum Fan) als auch im Verkauf (Vom Kunden zum Fan).

Die Golden-Circle-Theorie

Weniger erfolgreiche Menschen, so Sinek, kommunizieren vom äußeren zum inneren Kreis. Sie beginnen mit dem Was und gehen über das Wie zum Warum. Begeisternde und damit erfolgreiche Menschen wählen genau den anderen Weg.

WARUM: Viel zu wenige Führungskräfte kommunizieren, warum sie etwas tun. Warum sie ihre Mitarbeiter für ein Projekt begeistern und gewinnen wollen. Mit Warum ist nicht ein Ergebnis gemeint, also nicht die Erledigung der Aufgabe. Warum bedeutet vielmehr:

- Warum ist Ihnen als Führungskraft dieses Projekt / diese Idee so wichtig?
- Warum muss eine gewisse Projektreihenfolge eingehalten werden?
- Warum ist es so wichtig, gerade für dieses Projekt die Extrameile zu gehen?
- Warum ist für das *Unternehmen* ausgerechnet dieses Projekt so wichtig?

WIE: Einige Führungskräfte haben eine Vorstellung vom Wie, einen Plan davon, wie sie etwas tun. Sie wissen zum Beispiel, wie sie ihre Botschaften rhetorisch geschickt verpacken und vermitteln können.

WAS: Das ist die Botschaft, die Sie Ihren Mitarbeitern vermitteln möchten. Das Was kennen Sie: Jede Führungskraft weiß, was sie tut.

Wenn Sie Ihre Mitarbeiter begeistern wollen, ist dieser Logik folgend das Warum entscheidend: Es gilt, Ihre persönlichen Glaubenssätze mitzuteilen. Mitarbeiter sind dann motiviert und zu Höchstleistungen bereit, wenn sie einen Sinn in ihrer Tätigkeit sehen.

Die Gebrüder Wright – das Geheimnis ihres Erfolgs

Die Brüder Orville und Wilbur Wright wurden angetrieben durch eine Überzeugung. Sie waren davon überzeugt, dass sie den Lauf der Welt verändern würden – wenn sie diese verflixte Flugmaschine bauen könnten! Diese Überzeugung stand im Zentrum ihres Schaffens, und jeder ihrer Mitarbeiter wusste davon. Ihr Gegenspieler, Samuel Pierpont Langley (der eigentlich im Vorteil war, weil er vom Kriegsministerium mit 50 000 Dollar bezuschusst wurde), war anders. Er wollte reich und berühmt werden. Er verfolgte das Ergebnis.

> Wenn Sie von einer starken Überzeugung angetrieben werden, motiviert das auch Ihre Mitarbeiter.

Und so kam es, dass die Menschen, die mit den Gebrüdern Wright arbeiteten, von einer gemeinsamen Überzeugung angetrieben wurden. Die Mannschaft um Samuel Pierpont Langley hingegen arbeitete für ihren Gehaltsscheck. Das Ende der Geschichte ist bekannt: Es waren die Gebrüder Wright, die zu Beginn des 20. Jahrhunderts erste Flüge mit Gleitflugzeugen und dann gesteuerte Flüge mit einem von einem Motor angetriebenen Flugzeug durchführten.

Martin Luther King – ein großartiger Leader

Sommer 1963: Bei sengender Hitze kamen rund 250 000 Menschen aller Bevölkerungsschichten, aller Hautfarben und aus allen Landesteilen der USA nach Washington D.C., um einen Mann reden zu hören: Martin Luther King. Er lief nicht herum und erzählte den Menschen, was sich in Amerika alles ändern muss (WAS). Nein – Er erzählte den Menschen, worauf er hoffte und woran er glaubte (WARUM). In seiner historischen Rede wiederholte er 17-mal »I have a dream«. Und was geschah? Die Menschen haben gefühlt, dass dieser Mann es ernst meint, und sie glaubten ihm. Sie machten seine Sache zu ihrer eigenen und erzählten anderen davon. Das brachte die Bürgerrechtsbewegung erst ins Rollen. Martin Luther King hielt keine Was-Rede (»I have a plan«), sondern startete mit dem Warum: Er hielt eine Warum-Rede: »I have a dream.«

Wie lautet Ihr Glaubensbekenntnis?

Woran glauben Sie? Was sind Ihre Überzeugungen? Beginnen Sie Ihr persönliches Glaubensbekenntnis mit: »Ich glaube daran, dass …«, um herauszufinden, wofür Sie brennen.

Ich glaube daran, dass ich als verantwortungsvolle Führungskraft …

....

....

Ich glaube daran, dass mein / unser Unternehmen …

....

....

Ich glaube daran, dass motivierte Mitarbeiter …

....

....

Ich glaube daran, dass eine Mitarbeiteransprache …

....

....

Ich glaube daran, dass eine gut funktionierende Abteilung …

....

....

Ich glaube daran, dass unsere Kunden …

....

....

Ich glaube daran, dass ein hochwertiger Kundenservice …

....

....

Ich glaube daran, dass ein erfolgreiches Kundenberatungsgespräch …

....

....

Ich glaube daran, dass unser Produkt …

....

....

Ich glaube daran, dass eine von mir gehaltene Präsentation ...

....

....

Ich glaube daran, dass die Stimme einer Führungskraft ...

....

....

Ich glaube daran, dass unsere Branche ...

....

....

Ich glaube daran, dass eine gut funktionierende Marketingmaßname ...

....

....

Ich glaube daran, dass ... (freier Eintrag)

....

....

Das ist mein, PJBs, Glaubensbekenntnis:

Ich glaube daran, dass ein Vortrag nie langweilig sein darf, nie beschwichtigend.
Er soll altes Denken zum Entgleisen bringen, aufrütteln, den Menschen persönlich
erreichen, ihn zum Lachen, Weinen und Nachdenken verführen. Und ich glaube daran,
dass Humor eine treibende Kraft hinter vielen Ideen ist.

Als Führungskraft sollten Sie wissen, warum Sie etwas tun. Sie sollten hinter Ihrem Glaubensbekenntnis stehen, für Ihre Sache brennen. Machen Sie sich bewusst:

- Wenn Sie nicht wissen, warum Sie tun, was Sie tun, dann können Sie andere Menschen auch nicht dafür gewinnen, etwas in ihrem Sinne zu tun.

- Ziel ist es nicht, Menschen einzustellen, die einen Job brauchen, sondern Menschen, die an dasselbe glauben wie Sie. Wenn Sie einen Menschen einstellen, weil er fähig ist, den Job zu machen, wird er für Ihr Geld arbeiten. Wenn Sie aber einen Menschen einstellen, der an dasselbe glaubt wie Sie, dann wird er für die gemeinsame Überzeugung arbeiten.

- Mitarbeiter folgen Führungskräften nicht, weil sie es müssen, sondern weil sie es wollen. Wir selbst folgen denen, die führen, nicht um ihretwillen, sondern um unseretwillen.

Begeisternde Beispiele

Es gibt sie zuhauf: Unternehmen, für die Mitarbeiterbegeisterung kein Fremdwort ist, sondern ein wichtiges Ziel. Sie wissen, dass nur begeisterte Mitarbeiter loyale Markenbotschafter sind – nach innen wie nach außen. Und wie so oft ist es auch hier neben den bekannten Faktoren wie »interessante Tätigkeit« und »Karrieremöglichkeiten« das kleine X, das den Unterschied macht und zu einem positiven Arbeitsklima beiträgt.

Richard Branson – »Hey, er kennt mich!«

»Der spinnt!«, sagt so mancher über den britischen Unternehmer und Abenteurer Richard Branson, doch viele bezeichnen ihn auch ehrfurchtsvoll als einen der erfolgreichsten und innovativsten Unternehmer des Universums. 1970 gründete er sein erstes Unternehmen, das

den Namen Virgin trug und Schallplatten versandte, später Plattenlä-
den betrieb. Heute hat er ein Wirtschaftsimperium aufgebaut. Er ist
laut dem Wirtschaftsmagazin *Forbes* mehrfacher Milliardär, Inhaber
von 400 Firmen und bekannt für Superlative. Doch *berühmt* ist er nicht
zuletzt auch dafür, dass er alles über seine Mitarbeiter weiß. Oder besser: Zumindest entsteht der Eindruck, dass er alles über sie weiß. Er
geht in die Abfertigungshalle einer Virgin Airline und fragt die Mitar-
beiterin Helen, ob ihr Sohn die Scharlach-Erkrankung
gut überstanden hat, fragt den Mitarbeiter Bob, ob
er seinen 35. Geburtstag ordentlich gefeiert hat
und ob Randys Hündin Beth nach der Fünf-
lingsgeburt wieder wohlauf ist. Und alle fragen
sich: »Wie macht der das?«

**Wie kann
Richard Branson
so viel über seine
Mitarbeiter wissen?
Die Antwort ist
simpel: Interesse.**

Die Antwort ist simpel: Interesse. Richard
Branson interessiert sich für seine Mitarbeiter.
Von ihm ist überliefert, dass er mit einem Notiz-
buch im Anschlag durch die Gegend läuft und sich
immer wieder persönliche Informationen über seine
Mitarbeiter notiert. Wenn er sich dann mit ihnen unterhält, gibt ihnen
das ein gutes Gefühl, denn sie merken: »Hey, mein Chef kennt mich!«
In manch anderen Firmen heißt es stattdessen: »Hey, mein Chef kann
mich …« Sie allein entscheiden, was Ihnen lieber ist. Für Richard
Branson ist eine Firma einfach eine Gruppe von Leuten, die stolz auf
das Unternehmen sein sollen. Die Menschen in seinen Firmen, sagt er,
sind ihm wichtiger als die Kunden. Seinen Managementstil beschreibt
er folgendermaßen: »Business heißt für mich nicht, Anzüge zu tragen
oder die Aktionäre zufriedenzustellen. Es geht darum, sich selbst und
seinen Ideen treu zu bleiben und das Wesentliche im Auge zu behalten.«

Opel – gib mir meinen Stolz zurück!

Für den Autobauer Opel war irgendwann einmal klar: Die Marke
mieft. Vom traditionellen Firmenstolz war in der Belegschaft nicht
mehr viel zu spüren, bis Tina Müller, die neue Marketingchefin das
Image der Traditionsmarke ordentlich aufpolierte. Mit »Umparken im

Kopf« ist ihr zusammen mit der Werbeagentur Scholz & Friends etwas gelungen, was es in der deutschen Werbelandschaft schon lange nicht mehr gegeben hat: eine Kampagne, über die das Land spricht. Und zwar durchweg positiv. Das war gut für das Selbstbewusstsein der Marketingchefin, gut fürs Unternehmen und erst recht gut für alle Opelianer, denn eine gemeinsame Erfolgsstory verbindet mindestens genauso stark wie ein gemeinsames Feindbild.

EDEKA – supergeil

Plötzlich war er da, der »Supergeil«-Spot von EDEKA, und alle liebten ihn. Ähnlich wie bei der »Umparken im Kopf«-Kampagne von Opel stieg auch bei den Mitarbeitern des Lebensmittelhändlers das Zusammengehörigkeitsgefühl enorm. EDEKA war in aller Munde. Wie sich diese Kampagne auf das Selbstbewusstsein der Mitarbeiter auswirkte, beschreibt am besten eine E-Mail, die mir eine junge Angestellte schickte:

> *Der Supergeil-Spot ist doch wirklich der absolute HAMMER!!!*
> *Genial! Supergeil halt! :)))*
> *Hast du gesehen, wie viele Klicks der mittlerweile hat?!*
> *4 700 000 x angesehen, und es geht immer weiter!*
> *Finde ich Wahnsinn … Und alle lieben EDEKA! Wunderbar!*
> *Ich muss sagen, dass ich soooooo stolz bin, ein Teil dieses Unternehmens zu sein.*

Und zwei Tage später:

> *… ich wollte nur noch mal sagen: 5 176 000 Mio. Klicks!*
> *Der Oberknaller!*

Adesso – sieht die Bedürfnisse der Mitarbeiter

Damit sich die Hemden, die gebügelt werden müssen, zu Hause nicht stapeln, hat sich der Software-Entwickler Adesso für seine Mitarbeiter – neben den in vielen Unternehmen schon zum Standard zählenden Mitarbeiter-Goodies wie kostenloses Obst, Kekse, Kaffee, Tee und Kaltgetränke – einen Gratis-Bügelservice einfallen lassen. Für den gibt es beim Bewertungsportal Kununu viel Lob.

Otto-Konzern – deine Führungskraft, das bislang unbekannte Wesen

Mit einer äußerst kreativen und nachahmenswerten Idee belegte der Otto-Konzern vor ein paar Jahren den zweiten Platz bei den Employability Awards: Bei der Kampagne »Ich bin Otto« begegneten sich Mitarbeiter aller Hierarchieebenen ohne formale Hürden. Im Rahmen dieser Aktion gab es die Reihe »Der Vorstand liest«. Die obersten Führungskräfte schnappten sich ihr Lieblingsbuch und ihre Mitarbeiter, zogen sich in einen Raum zurück und lasen aus ihrem Buch vor. Anschließend wurde über den Inhalt diskutiert. Das fanden die Mitarbeiter gut!

Horbach – große Handlungsspielräume

»Mit Spaß und Leidenschaft Top-Ergebnisse erzielen, so gebe ich unsere Unternehmensvision vor und sage jedem Mitarbeiter, dass er diese selbst, auf seine Art und Weise umsetzen darf«, erklärt Geschäftsführer Stefan Mercier von der Wirtschaftsberatung Horbach. »Jeder darf seine eigene Version dieser Vision finden und ausleben. Ich frage nur in regelmäßigen Abständen, wie er es macht. Wie er die Vision ins Fühlen bringt. Er soll darüber sprechen. Denn Menschen leben Dinge, über die sie sprechen«, so der Initiator. Wer mit Spaß bei der Sache wäre, könne weitere 20 bis 30 Prozent seines Energiepotenzials ausschöpfen, meint Mercier und folgert: »Mitarbeiter wollen Spaß, Glück und Sinnhaftigkeit. Das motiviert sie mehr als bloßes Geldverdienen und wirkt sich positiv auf den Umsatz des Unternehmens aus.«

> Geben Sie Ihren Mitarbeitern genügend Freiräume, damit sie die Vision des Unternehmens auf ihre ganz persönliche Art umsetzen können.

Loyalty Partner – Rundum-sorglos-Paket

Die Firma Loyalty Partner installiert Marketing- und Couponing-Plattformen wie das Bonussystem Payback und hat sich auf die Fahnen geschrieben: »weltweit Kunden kennen, zufriedenstellen und begeistern«. Das Unternehmen weiß um die Kraft der Begeisterung und lässt das auch weltweit seine Mitarbeiter spüren, indem es die Kosten für die Fahrt zur Arbeitsstätte übernimmt, das Mittagsessen in der firmeneigenen Kantine sponsort ebenso wie Getränke und im hauseigenen Fitnessstudio Trainingsmöglichkeiten zu besonders günstigen Konditionen anbietet.

Antenne Bayern – prickelndes Dankeschön

Ein weiteres Beispiel für eine begeisternde Idee kommt von einem Unternehmen, dem ich sehr viel verdanke. Die Rede ist von »meiner« Radiostation Antenne Bayern, dem erfolgreichsten Radiosender Deutschlands. Antenne Bayern fand einen Weg, sich auf stilvolle Art bei den Mitarbeitern für Ihre Treue zu bedanken: Am Rande einer Party bekamen alle Mitarbeiter sogenannte Champagner-Bezugsscheine geschenkt. Pro Jahr Zugehörigkeit gab es eine Flasche dieses edlen Getränks. Ich war zu dem Zeitpunkt bereits 19 Jahre im Unternehmen, was meine Beliebtheit im Freundeskreis in den darauffolgenden Tagen erheblich steigerte.

Niederegger – Marzifun

Für die Fitness ihrer Mitarbeiter hat sich die Lübecker Marzipanfabrik Niederegger etwas Ungewöhnliches einfallen lassen: Jeden Tag stoppen dort um zehn Uhr vormittags alle Bänder in der Produktion, dann stehen für die Angestellten zehn Minuten Gymnastik an. Rund um die Maschinen heißt es dann: dehnen, Arme kreisen lassen und über das ungewöhnliche Work-out lachen. Zusätzlich werden bei Niederegger in der Kantine Yogakurse angeboten. Fun-Faktor: hoch.

Adidas – erst denken, dann hanteln!

Der Sportartikelhersteller Adidas geht noch einen Schritt weiter: Um während der Arbeitszeit auszuspannen, gesteht er seinen Mitarbeitern zu, Sport zu treiben. Im Angebot sind 120 verschiedene Sportprogramme, aus denen Adidas-Beschäftigte das für sie Passende auswählen können.

Krones AG – Erfolgszukunftskonto

Bei der Krones AG hat man die flexible Arbeitszeit in eine flexible kommunizierende Arbeitszeit verändert. Das heißt, die Mitarbeiter sprechen mit ihren Kollegen Arbeitszeiten ab und sagen ihnen, wenn sie den Betrieb verlassen. Arbeiten sie mehr als 35 Stunden pro Woche, fließt das Plus in ein »Erfolgszukunftskonto«, das zur einen Hälfte ausbezahlt, zur anderen Hälfte über einen Erfolgsprämienschlüssel verrechnet wird. Krones Vorstandsvorsitzender Volker Kronseder betont: »Es reicht allein nicht aus, gute Maschinen zu bauen. Das Ganze Drumherum muss stimmen, man muss den Menschen ernst nehmen.«

Das geschieht durch eine starke Vertrauenskultur, aber auch durch attraktive Sozialleistungen. Einmal im Jahr wird ein Betriebsfest gefeiert, es gibt Jubilarfeiern, Urlaubs- und Weihnachtsgeld, Gratisgetränke im Sommer, einen Kostenzuschuss zu Essen, Kur, Zahnersatz und Brille sowie eine Gratifikation bei Heirat und der Geburt eines Kindes. Über eine werkseigene Krankenversicherung können die Mitglieder verbilligt an Nordic Walking oder Entspannungskursen teilnehmen. Woher die Bereitschaft zur Mitarbeiterbegeisterung kommt? Familientradition. Bereits der Gründer, Industriepionier Hermann Kronseder, legte den Grundstein für die Stimmung »beim Krones«: »In der Werkhalle war man per Du und auch der Firmenchef war im Umgang mit seinen Beschäftigen ein Mit-Arbeiter im positiven Sinne.« Kronseder senior zeigte sich in

> Durch eine starke Vertrauenskultur und attraktive Sozialleistungen fühlen sich Mitarbeiter ernst genommen.

den Werkhallen, kannte viele Mitarbeiter mit Namen, hörte sich deren Sorgen und Nöte an – eine Tugend, die später auch sein Sohn Volker Kronseder übernahm.

Opel Eisenach – freie Fahrt für Ideen

Jeder Mitarbeiter bei Opel Eisenach reicht im Schnitt 20 Verbesserungsvorschläge pro Jahr ein. Woher diese Traumquote? Weil sich die Mitarbeiter herausgefordert fühlen und daher kreatives Potenzial zum Nutzen des Unternehmens entwickeln, heißt es im *Motivations-Check* aus dem Fachverlag für Recht und Führung. Weil ihnen Entscheidungsspielräume zugestanden werden. Auf der unteren Ebene zum Beispiel beraten die Manager, die unter Beteiligung der Mitarbeiter ausgewählt wurden, einzelne Teams. Sie erarbeiten die Arbeitspläne für die wöchentlichen Treffen und stellen das Team nach außen hin dar. Auf der zweiten Ebene beraten Ingenieure mehrere Arbeitsgruppen und berichten den Schichtleitern. Die Gruppen sind motiviert, weil sie selbst ihre Arbeit gestalten und Einfluss nehmen können. Das Management mischt sich nicht in die Tagesroutine ein. Dadurch wird die Eigenverantwortung der Mitarbeiter und ihre Leistungsbereitschaft gestärkt.

Handlungsspielräume motivieren Mitarbeiter

»Ländervergleichende Untersuchungen im europäischen Raum lassen erkennen, dass die Motivation in den Ländern am größten ist, wo die Arbeitsbelastung zwar hoch, gleichzeitig aber der individuelle Spielraum groß ist«, sagt Stefan Diestel, Wissenschaftler am Leibnitz Institut für Arbeitsforschung an der TU Dortmund in der *Stern*-Titelgeschichte *Glücklich im Job*. In Deutschland stellte der Experte fest, sei die Belastung zwar hoch, die Selbstständigkeit des Einzelnen aber schwach ausgeprägt, weil in vielen Unternehmen streng hierarchische Strukturen vorhanden seien. In Ländern wie der Schweiz, Finnland, Dänemark oder Norwegen hingegen arbeiteten Mitarbeiter eigenverantwortlicher und gleichberechtigter. Jedoch: »Für eine nachhaltige

Arbeitsmotivation braucht man Hingabe, Aufstiegsmöglichkeiten und Autonomie. Egal, bei welcher Aufgabe«, so Diestel.

Checkliste:
Geben Sie Ihren Mitarbeitern genügend Handlungsspielräume?

1. Haben Sie Vertrauen in Ihre Mitarbeiter? ❑

2. Trauen Sie Ihrer Mannschaft etwas zu? ❑

3. Erkennen Sie gute Leistung an? ❑

4. Ermutigen Sie Ihre Mitarbeiter, Bedenken und Ängste auszusprechen, ebenso wie neue, ungewöhnliche Ideen? ❑

5. Gehen Sie Konflikten aus dem Weg, oder thematisieren Sie sie konkret und sachlich? ❑

6. Loben und kritisieren Sie konkret und angemessen? ❑

7. Nehmen Sie Äußerungen und Kritik ernst und sehen dies als Möglichkeit, sich zu verbessern? Ihre Kritiker sind diejenigen, die Sie schätzen und denen das Unternehmen wichtig ist. ❑

8. Nutzen Sie Ihre Fehler als Chance, daraus zu lernen? ❑

9. Kommunizieren Sie Veränderungen, und lassen Ihre Mitarbeiter an Entscheidungen teilhaben? ❑

10. Haben Ihre Mitarbeiter alle notwendigen Informationen, die sie benötigen, um ihren Job gut auszuführen? ❑

11. Ist klar kommuniziert, welche Informationen vertraulich zu behandeln sind und welche nach außen weitergegeben werden dürfen? ❑

12. Geben Sie Ihren Mitarbeitern genügend Zeit zu recherchieren, damit sie ihre Projekte ohne unnötigen Zeitdruck umsetzen können? ❑

13. Ermutigen Sie Ihre Mitarbeiter, ihr Wissen an andere (Mitarbeiter) weiterzugeben? ❑

14. Ist Ihren Mitarbeitern klar, für welche Bereiche sie die Verantwortung tragen? (Sie könnten sie dazu eine Liste erstellen lassen, in der jeder fünf bis zehn Bereiche nennt, für die er sich verantwortlich fühlt.) ❑

15. Regen Sie an, dass sich Ihre Mitarbeiter fortbilden, beziehungsweise werden Sie selbst als Coach für Ihre Mitarbeiter tätig? ❑

16. Haben Sie klare Ziele definiert, die Sie zu einem mit dem Mitarbeiter vereinbarten Zeitpunkt kontrollieren? ❑

High Potentials begeistern

So wie Sie Ihre eigenen Schwächen und Stärken kennen und daran arbeiten sollten, sollten Sie auch die Stärken und Schwächen Ihrer Top-Performer kennen. Fragen Sie sich deshalb:

- Worin sind Ihre High Potentials spitze, wo haben sie Defizite?

- Wissen Sie, wie Sie Ihre Top-Leute herausfordern können?

- Führen Sie regelmäßig Gespräche über Leistung und Karriere-perspektiven?

- Holen Sie sich Tipps bei besonders leistungsfähigen Mitarbeitern?

- Wissen Sie, wie viele Top-Performer Sie im Team haben? (Gut ist eine Quote von mehr als einem Drittel, um nicht von einem beziehungsweise ein paar wenigen abhängig zu sein.)

Jeder will seine Top-Performer im Unternehmen halten. Tappen Sie deshalb nicht in die Falle, gerade diese Mitarbeiter zu sehr zu kontrollieren, aus Angst, dass diese sich anderweitig umsehen und Sie nicht rechtzeitig davon erfahren könnten. Stattdessen sollten Sie Ihren High Potentials viel Freiraum geben, damit diese Ihr Potenzial voll entfalten können. Und natürlich sollten Sie die Top-Performer begeistern, indem Sie ihren Erwartungen gerecht werden und diese sogar noch übertreffen. Hier ein paar Anregungen:

- Geben Sie Ihren Top-Leuten oft Gelegenheit, sich mit anderen Experten auszutauschen, etwa auf Messen, Symposien, Kongressen und Vorträgen.

- Machen Sie sich bewusst, dass High Potentials am liebsten in angesehenen Bereichen und für angesehene Marken und Unternehmen arbeiten. Sorgen Sie deshalb für ein hohes Ansehen Ihres Unternehmensbereiches beziehungsweise Ihres Unternehmens oder Ihrer Marke.

- Unterstützen Sie die Karrierewünsche Ihrer Leistungsträger – und zwar auch über Ihre Bereichsgrenze hinaus! (»Ich verliere zwar einen Top-Mitarbeiter, gewinne aber insbesondere unter den verbleibenden High Performern den Ruf eines souveränen Karriereförderers.«)

- Achten Sie auf eine ausgewogene Life-Balance Ihrer Spitzenleute. Ermöglichen Sie es Ihren Top-Performern beispielsweise, gelegentlich private Angelegenheiten während der Arbeit zu erledigen.

- Bezahlen Sie leistungsgerecht.

- Bieten Sie Ihren Top-Leuten die Möglichkeit, sich qualitativ hochwertig fortzubilden.

Fortbildung ja oder nein?
CFO fragt CEO: *»Was passiert, wenn wir in die Entwicklung unserer besten Leute investieren und sie uns dann verlassen?«*
Antwort CEO: *»Was passiert, wenn wir es nicht tun und sie bleiben?«*

Mitarbeiterbegeisterung in der Praxis

»Begeisterung kann man nicht in die Köpfe hämmern, sie muss im System verankert werden«, schrieb ich im ersten Kapitel, als es darum ging, Kunden zu begeistern. Dasselbe gilt für das Thema Mitarbeiterbegeisterung. Enorm hilfreich bei der Verankerung von Mitarbeiterbegeisterungs-Intelligenz im Unternehmen sind folgende Tipps:

Installieren Sie ein ERM-System!

Sie sollten in Ihrem Unternehmen nicht nur ein CRM-(Customer-Relation-Management)-System haben, sondern auch ein ERM-System: ein Employee-Relationship-Management-System. Denn Employees, also Ihre Mitarbeiter, sollten mindestens dieselbe Aufmerksamkeit und Wertschätzung erfahren wie Ihre Kunden. Mit anderen Worten: Was für Ihre Kunden gut ist, kann für Ihre Mitarbeiter nur recht sein.

> **Was für Ihre Kunden gut ist, kann für Ihre Mitarbeiter nur recht sein.**

Setzen Sie sich bewusst mit Ihren Mitarbeitern auseinander, zum Beispiel, indem Sie ihre Vorlieben, Antriebsmuster, Stärken, Schwächen, Hoffnungen und Erwartungen ergründen und daran anknüpfen.

- Wann haben Ihre Mitarbeiter Geburtstag, und womit können Sie ihnen wirklich eine große Freude machen?

- Wann haben die Kinder Ihrer Mitarbeiter Geburtstag? Womit können Sie sie überraschen?

- Welche Vorlieben hat Ihr Mitarbeiter? Rot- oder Weißwein? Museum, Rockkonzert oder Kino?

- Identifiziert sich Ihr Mitarbeiter mit einem bestimmten Sportverein? Wenn ja: Wann ist das nächste Heimspiel, für das es noch eine der begehrten Eintrittskarten gibt?

- Womit beschäftigt sich Ihr Mitarbeiter in seiner Freizeit, was sind seine Hobbys?

- Wie denkt Ihr Mitarbeiter über das Thema Lebensglück?

- An welchen Werten orientiert sich Ihr Mitarbeiter?

- Welche besonderen Leistungen möchte Ihr Mitarbeiter noch erbringen – beruflich und privat?

Über all diese sogenannten »weichen« Faktoren lässt sich schnell eine gute Beziehungsebene aufbauen. Die Mitarbeiter fühlen sich gesehen und emotional berührt, wenn Sie sich als Führungskraft für diese »Kleinigkeiten« interessieren. Es signalisiert ihnen: Du bist wichtig, Du bist kein Rädchen im Getriebe. Ich kann mich noch gut an die Aussage eines Eventmanagers erinnern, der im Unternehmen nicht nur null Anerkennung für seine Arbeit erfuhr, sondern auch bei Veranstaltungen wenige Minuten vor Beginn für die Führungskräfte noch aufwendige Extrawünsche erfüllen musste. Als es wieder einmal ganz schlimm war, sagte er zu mir: »Die Extrawünsche machen mir nichts aus. Ich arbeite auch gerne bis in die späten Nachtstunden. Aber was mir fehlt, ist das Gefühl, gebraucht zu werden.« Es geht ihm nicht um Macht und Leistung, seine Motivation resultiert aus dem Wunsch nach Wertschätzung und Anerkennung.

Organisieren Sie Begeisterungs-Events!

Organisieren Sie einmal im Monat ein Begeisterungsfrühstück, bei dem Sie gemeinsam mit Ihrem Team die Losung des Monats festlegen. Oder laden Sie einen externen Referenten zu einem spannenden, inspirierenden und unterhaltsamen Vortrag ein. Ein weltbekannter Lebensmittelkonzern hat eine Vortragsreihe namens »Outside Insights« ins Leben gerufen. Ihr Zweck ist es, den Mitarbeitern Anregungen, Ideen und »Insights« (Einsichten) von außen zu geben. Daher werden immer bewusst Referenten ausgewählt, die aus einem etwas anderen Kontext als dem eigenen kommen und durch ihre Erfahrungen und Ansichten die Dinge aus einem anderen Blickwinkel darstellen. Das Unternehmen hat die Erfahrung gemacht, dass solche Vorträge »unglaublich bereichernd« sind. Eine ähnliche Abendreihe bietet ein international bekanntes Modelabel in regelmäßigen Abständen seinen Führungskräften an. Es geht um Themen wie Körpersprache, Change Management und Begeisterung.

Doch es gibt noch viele weitere Möglichkeiten, Ihre Mitarbeiter durch ein Event oder eine spontane Aktion zu begeistern: Spendieren Sie Ihrer Mannschaft in der Mittagspause eine Runde Motivationspizza, wenn Sie das Gefühl haben, das könnte ihr gut tun. Oder am Nachmittag spontan eine Portion Eiskaffee. Läuten Sie nach einer besonders erfolgreichen oder anstrengenden Woche gemeinsam mit Ihrer Mannschaft das Wochenende mit einer Runde Feierabendsekt ein. Der neu ins Amt berufene Programmdirektor von Antenne Bayern schickte spontan mit dem Ruf »Feierabend! Fußballschauen!« zwei Stunden vor dem WM-Viertelfinalspiel Deutschland – Frankreich 2014 kollektiv alle Mitarbeiter nach Hause.

Oder wie wäre es mit einer Runde Lach-Yoga? (Ich will ehrlich sein, für mich wäre es nichts …, aber hey, wer bin ich schon?) Lach-Yoga könnte genau das Richtige sein, um wieder Schwung in Ihr Team zu bringen. Der indische Arzt Madan Kataria hat 1995 diese Form des Yogas erfunden, bei der man in die Hände klatscht und »hohohahaha« sagt. Man kann auch die Hand eines anderen schütteln, ihm in die Augen sehen und wie ein Schauspieler loslachen. Was in Deutschland bislang nur in halbstündigen Vorträgen in Unternehmen wie Tchibo, Commerzbank oder Greenpeace zum Besten gegeben wird, steht in manchen Betrieben in den USA und Dänemark bereits auf der Tagesordnung. Die dänische Computerfirma Four Systems etwa hält regelmäßig 15-minütige Lach-Yoga-Übungen ab, mit dem Ergebnis: 70 Prozent weniger Stress und 40 Prozent mehr Umsatz. Lachen schafft Distanz zu Problemen. Wer über etwas lachen kann, ist entspannter und kann die Sache lockerer angehen. Außerdem setzt Humor Kräfte frei, die uns sonst nicht zur Verfügung stünden.

> Wer über etwas lachen kann, ist entspannter und kann die Sache lockerer angehen.

Gründen Sie eine Begeisterungs-Taskforce!

Übertragen Sie Ihren Mitarbeitern Verantwortung. Eine schönere Art, um ihnen mitzuteilen »Sie haben mein Vertrauen«, gibt es nicht.

Scharen Sie die besten Mitarbeiter um sich, und bilden Sie eine kleine exklusive, schlagkräftige Truppe. Sinn und Zweck ist es, sich Gedanken darüber zu machen, wie das Unternehmen künftig aus Kunden Fans machen kann. Überlegen Sie gemeinsam:»Wo in der Kundenansprache können wir gezielt Begeisterungsfaktoren einbauen?« Kundenbegeisterung lebt von Anregungen. Fragen Sie sich daher, welche Mitarbeiter gut in die Taskforce passen könnten:

- Wer ist ein Intrapreneur, also ein Mitarbeiter, der wie ein Unternehmer denkt, obwohl er angestellt ist?

- Wer hat Mut, ist kreativ und leidenschaftlich?

- Wer übernimmt Verantwortung, wenn's drauf ankommt?

- Welcher introvertierte Mitarbeiter, der sich in großen Meetings zurückhält, könnte das Potenzial für die Taskforce haben? Gerade diese Menschen haben oft gute Ideen und öffnen sich in kleinen Gruppen eher.

- Gibt es einen Mitarbeiter, der in seinem»früheren Leben« im Hotel- und Gaststättengewerbe tätig war, also in einer extrem auf Dienstleistung und Serviceorientierung getrimmten Branche? Diese Menschen denken und handeln kunden- und serviceorientiert.

Bei der Auswahl Ihrer Taskforce könnte Ihnen auch folgender ABC-Schlüssel helfen:

A-Kandidaten: Sie sind kreativ, intrinsisch motiviert, proaktiv, gehen die Extrameile, sind bestleistungsbereit, verfügen über die nötige Leidenschaft, haben keine Furcht, denken unternehmerisch, handeln verantwortungsbewusst und selbstständig. Zu den A-Kandidaten zählen auch – aber nicht nur – die vielgerühmten Top-Performer oder High Potentials.

B-Kandidaten: Sie verwalten meist ihre Arbeit mehr als dass sie eigenaktiv werden, doch haben sie häufig Potenzial, das nur darauf wartet, von Ihnen als Führungskraft freigesetzt zu werden. Fordern und fördern Sie die B-Kandidaten.

C-Kandidaten: Das sind Ihre Low-Performer, die definitiv nicht für die Taskforce geeignet sind. Trösten Sie sich, diese Mitarbeiter haben bestimmt auf einem anderen Gebiet nützliche Fähigkeiten.

Regen Sie Kreativ-Meetings an!

Rufen Sie Ihre Taskforce zu regelmäßigen Meetings zusammen, und geben Sie vorab Aufgaben vor. Hinterfragen Sie gemeinsam den Status quo, suchen Sie nach Optimierungsmöglichkeiten, und zeigen Sie eine hohe Innovationsbereitschaft. Überlegen Sie, welche heiligen Kühe geschlachtet werden können (»Das hat noch nie funktioniert«, »Das haben wir schon immer so gemacht« …). Schlachten Sie heilige Kühe, heilige Kühe ergeben die besten Burger.

> **Schlachten Sie heilige Kühe, heilige Kühe ergeben die besten Burger.**

Bei der Wagniskapitalfirma Greylock mit Sitz im Silicon Valley etwa ist das Anzapfen externer Netzwerke ein wichtiger Bestandteil, wenn es um die Vorbereitung eines Meetings geht. Typische Fragen lauten: »Von welchen neuen Technologien haben Sie gehört?« »In welche davon sollten wir investieren?« Die auf diese Weise gewonnenen Informationen führen zu besseren Entscheidungen und steigern den Wert des Greylock-Portfolios, heißt es im *Harvard Business Manager*. Der Wettbewerber Andreessen Horowitz hat eine eigene kreative Variante ersonnen: Vor jeder Teambesprechung lobt er einen Geldpreis für das beste Branchengerücht aus. Solche Methoden funktionieren – nicht nur bei Wagniskapitalgebern …

Die besten Ergebnisse in einem Brainstorming erzielen Sie übrigens, wenn Sie folgende fünf Grundregeln beachten:

1. Regel: Ein Moderator soll das Brainstorming lenken. Er soll begeistern, antreiben und zum Suchen wilder Ideen auffordern.

Außerdem soll er mögliche Flauten mit neuen Vorschlägen überbrücken.

2. Regel: Keine Kritik und keine Diskussion während des Ideenfindens! Nur positive Gedanken sind erlaubt. Kann es trotzdem jemand nicht lassen zu kritisieren, stoppt ihn das Läuten einer Glocke (durch den Moderator). Die Ergebnisbewertung und Entscheidung erfolgt erst nach dem Brainstorming.

3. Regel: Die Ideen anderer dürfen »geklaut« werden, das heißt, man darf auf ihnen aufbauen.

4. Regel: Die Ideen sollten auf ein Ziel hin fokussiert werden, das auch während des wildesten Brainstormings nicht aus den Augen verloren wird. Am besten das Ziel vorher auf einem Flipchart visualisieren. Bei anspruchsvollen Themen sollten die Teilnehmer vorher über den Grund des Brainstormings in Kenntnis gesetzt werden, damit sie sich vorbereiten können. Ist das Thema komplex, muss es in Unterthemen zerlegt werden.

5. Regel: Brainstorming-Sitzungen leben von Humor. Zehnmal mehr Ideen entstehen in einer humorvollen Atmosphäre im Vergleich zu einer sachlich-unpersönlichen, ergab eine Studie an der University of Oklahoma. Auch temporeich sollten die Meetings sein. Im Vordergrund steht die ungehemmte Produktion von Ideen, Pulitzer-Preis-verdächtige Formulierungen und wohlklingende Phrasen sind erst mal unwichtig. Und: Jeder muss versuchen, seinen Vorschlag pointiert zu formulieren.

Die Teilnahme einzelner Nichtfachleute ist befruchtend, da sie noch einmal eine ganz andere Sicht auf Themen einbringen. Werbeagenturen laden gar Kinder, Senioren oder Künstler zu ihren Brainstorming-Sitzungen ein. Und sie suchen dazu einen inspirierenden Ort auf, wie zum Beispiel ein Café, eine Blumenwiese oder ein schönes Stadthotel.

Die amerikanische Ideenschmiede IDEO lädt zu jedem Brainstorming jemanden aus der Firma ein, der nichts mit dem Thema zu tun hat, um eine andere Perspektive auf die Fragestellung und mehr Lösungsansätze zu erhalten. Interessant für den Ideenfindungsprozess sind auch Menschen, die gute Fragen stellen können. So erzählt Jon Gertner in seinem Buch *The Idea Factory – Bell Labs and the Great Age of American Innovation*, dass in der Firma AT&T diejenigen die meisten Patente anmeldeten, die sich zum Mittagessen oder zum Frühstück mit einem bestimmten Mitarbeiter verabredeten: mit dem Elektroingenieur Harry Nyquist. Er hatte die Fähigkeit, gute Fragen zu stellen, und regte die anderen so zum Weiterdenken an. Vielleicht gibt es auch in Ihrem Unternehmen einen Fragesteller, der den Dingen gerne – und oftmals zum Leidwesen der anderen – auf den Grund geht. Nutzen Sie ihn als kreativen Counterpart!

B = E + X: die Formel für mehr Mitarbeiterbegeisterung

Die größte Motivationsdroge für den Menschen ist der Mensch. Sie als Führungskraft sind der wichtigste Faktor beim Thema Mitarbeiterbegeisterung. Aus dem ersten Kapitel dieses Buches kennen Sie bereits die Formel für Kundenbegeisterung: $B = E + X$ (Begeisterung = Erwartungshaltung + X). Mitarbeiterbegeisterung ist ebenso wie Kundenbegeisterung ein strategisches Spiel mit der Erwartungshaltung Ihres Gegenübers. Das E steht also auch hier für Erwartungshaltung – und für noch viel mehr!

> **Die größte Motivationsdroge für den Menschen ist der Mensch.**

E wie Erwartungshaltung

Gedankenlesen war schon immer schwierig, und Interpretationen gehen seit jeher mit einem hohen Bullshit-Risiko einher. Dennoch gilt: Je eher Sie wissen, wie die konkrete Erwartungshaltung Ihrer Mitarbeiter aussieht, desto schneller kommen Sie zu einer begeisternden und motivierenden Lösung. Das E steht in der BEX-Formel für die ausgesprochene oder unausgesprochene Erwartungshaltung Ihrer Mitarbeiter, das X für die Aktion, die deren Erwartungshaltung übertrifft. Das X erzeugt nur dann Begeisterung, wenn

- Ihre Mitarbeiter von X einen klaren Nutzen haben (Nutzen ist die einfachste Möglichkeit, jemanden zu begeistern),
- X einzigartig ist (Alleinstellungsmerkmal, USP),
- Ihre Handlung/Ihre Aktion maßgeschneidert ist (individualisiert, an die persönlichen Bedürfnisse des Mitarbeiters angepasst, »employer taylored«) und
- die Maßnahme den Mitarbeiter positiv überrascht (zeitlich und / oder inhaltlich).

Ein Beispiel: Bereits seit 1993 arbeite ich zusätzlich zu meiner Vortrags- und Seminarleitertätigkeit als Journalist und Moderator bei der Radiostation Antenne Bayern. Nur eine Handvoll Kolleginnen und Kollegen sind noch länger dabei. Anlässlich ihrer 25-jährigen Firmenmitgliedschaft hing über Nacht plötzlich direkt gegenüber dem Zentraleingang ein überdimensionales Plakat. Darauf im Großformat abgebildet: die Konterfeis der »25-Jährigen«.

Ein Dankeschön in aller Öffentlichkeit

Von der Empfangsdame des Senders, die alle Höhen und Tiefen in der Sendergeschichte miterlebt hat, ist überliefert, dass sie mit Tränen in den Augen zu ihren Kollegen sagte: »Dass ich das erleben darf, ist das nicht der Wahnsinn?« Begeisterung pur. Diese Plakataktion begeisterte, weil

- X einen hohen emotionalen Nutzen hatte (Anerkennung, Wertschätzung für langjährige Treue und Loyalität),
- X einzigartig war (Diese oder eine ähnliche Aktion gab es noch nie zuvor in der Sendergeschichte),
- X individualisiert war (Die Aktion richtete sich exklusiv an die »25-Jährigen«) und
- X absolut überraschend war (Das Plakat wurde ohne Ankündigung angebracht, es hing einfach plötzlich da).

Was wollen Mitarbeiter wirklich?
Dieser Frage ging eine Studie der Gesellschaft für betriebliche Weiterbildung in Berlin nach. Das Ergebnis war sehr spannend! Die Führungskräfte dachten, die Wunschliste ihrer Mitarbeiter sähe wie folgt aus:

1. Platz: ein gutes Einkommen
2. Platz: gute Arbeitsbedingungen
3. Platz: das Wohlergehen der Firma

Die Mitarbeiter hingegen gaben Folgendes an:

1. Platz: Anerkennung für die geleistete Arbeit
2. Platz: genaue Kenntnis des Produkts und der Firmenzielsetzung
3. Platz: Eingehen auf private Sorgen

Erst auf dem 4. Platz folgte ein gutes Einkommen.

Hätten Sie's gedacht? Dass Anerkennung für die geleistete Arbeit für Mitarbeiter das Wichtigste ist? Nicht etwa ein fettes Gehalt. Eine Studie der Initiative Neue Qualität der Arbeit (INQA) bringt ähnliche Ergebnisse zu Tage: Von 7500 Befragten gaben 61 Prozent an, sich mehr Lob im Job zu wünschen, insbesondere weil sich nach den Entlassungswellen der vergangenen Jahre die Arbeit für viele verdichtet hat. »Dass es so massiv an positiven Rückmeldungen in deutschen Büros mangelt, zeigt einen deutlichen Verbesserungs- und Entwicklungsbedarf von Führung«, resümiert Dr. Beate Beermann, Leiterin der Studie der INQA, einer bei der Bundesanstalt für Arbeitsschutz und Arbeitsmedizin angesiedelten Initiative. Führungskräfte hätten nicht gelernt, positives wie negatives Feedback zu geben. Sie sind vielfach der Meinung, wenn Mitarbeiter gut bezahlt werden, dann sei nur selbstverständlich, dass sie engagiert arbeiten. Mit dieser Einstellung vergeben Chefs wertvolle Chancen.

Vergessen Sie nicht, Feedback zu geben – für Ihre Mitarbeiter ist Anerkennung das Wichtigste!

Denn Lob hat einen positiven Effekt auf das Mitarbeiterverhalten und die Mitarbeitermotivation. Nach Expertenmeinung ist richtiges Loben fast noch wichtiger als Kritisieren, da es nachhaltiger wirkt: Es bestätigt den Mitarbeiter in seiner Kompetenz, gibt ihm Sicherheit und ein stärkeres Selbstwertgefühl. Lob und Kritik – beides zusammen sind Entwicklungsinstrumente, die menschliches Verhalten auf ein vorgegebenes Ziel hin beeinflussen können. Damit solches Feedback von den Mitarbeitern auch angenommen werden kann, bedarf es vier Voraussetzungen:

1. Die Führungskraft muss glaubwürdig sein.

2. Es muss eine Beziehung zu den Mitarbeitern bestehen. Denn wenn der Chef den Ruf hat, unfair oder cholerisch zu sein, dann fallen sowohl Lob als auch Kritik auf wenig fruchtbaren Boden.

3. Die Aussagen des Chefs müssen Gewicht haben. Lob von einem konfliktscheuen Softie etwa ist nichts wert, ebenso wenig wie ein Ja von einem Menschen, der nicht Nein sagen kann.

4. Das Unternehmen hat Lob und Kritik als Steuerungsinstrumente im Betrieb integriert und lässt seinen Führungskräften den entsprechenden Freiraum dafür.

Feedback – so loben und kritisieren Sie richtig

Keine Pauschalurteile! Üben Sie stattdessen am konkreten Beispiel Lob oder Kritik: »Ihr Argument mit den steigenden Rohstoffpreisen war gut. Man konnte sehen, dass der Kunde darauf reagiert hat.« Oder: »Die Zahlen in der Tabelle waren so nachlässig zusammengetragen, dass der Kunde zu zweifeln begann und wir den Auftrag verloren haben.«

Kein Kategorisieren! Vermeiden Sie Killerworte wie »ständig«, »alles«, »nie«, »immer« (etwa: »Immer machen Sie den gleichen Fehler«).

Beziehen Sie einen klaren Standpunkt inklusive Ihrer Emotionen! »Es fällt *mir* schwer, Sie ins Team zu integrieren, wenn Sie Ihren Kollegen wie heute zum wiederholten Mal provozieren.« Das gilt auch für das Loben, sagen Sie dann: »Es hat *mich* gefreut, dass …«

Halten Sie keine Standpauke vor versammelter Mannschaft, sondern suchen Sie zeitnah ein kurzes Vieraugengespräch. Es gilt die Feedbackregel: »Praise in public, criticize in private.«

Vermeiden Sie Schuldzuweisungen: Kommen Sie ohne Umschweife auf das Problem zu sprechen. Bleiben Sie sachlich, drücken Sie sich klar und höflich aus, und geben Sie Ihrem Mitarbeiter die Möglichkeit, das Problem aus seiner Sicht zu schildern. Ersparen Sie ihm, lange im Warum herumzustochern. Suchen Sie nach einer gemeinsamen Lösung, und treffen Sie klare Vereinbarungen, die Sie hinterher kontrollieren.

Holen Sie nie zum vernichtenden Rundumschlag aus, und beziehen Sie keine früheren Fehler mit ein.

Bitte kein sportlicher Wettkampf, bei dem Sie mit Zynismus und Willkür Ihren Esprit unter Beweis stellen.

Schütten Sie Lob nicht mit der Gießkanne aus, und tragen Sie nicht zu dick auf beziehungsweise vermeiden Sie, kraftvolle Verzierungen wie »toll«, »cool« oder »super« inflationär einzusetzen. Das wirkt affektiert und untergräbt Ihre Chefqualitäten.

Nuancieren Sie Lob, damit es sich nicht abnutzt. Gratulieren Sie bei Erfolg auch mal nur, anstatt zu loben. Nur erstklassiges Verhalten sollten Sie entsprechend würdigen.

Nicht jedem das gleiche Feedback geben! Ein Mitarbeiter, der beispielsweise neu im Team ist, oder auch ein neuer externer Dienstleister braucht mehr Rückmeldung als bereits qualifizierte Mitarbeiter und Dienstleister.

Geben Sie das Lob von Dritten weiter. Teilen Sie Ihrem Mitarbeiter mit, wenn ein Lieferant oder Kunde sich positiv über ihn geäußert hat. Geben Sie das Lob auch dann weiter, wenn Sie selbst anderer Meinung sind: Sie sind in diesem Fall nur der Überbringer der Nachricht.

Loben Sie auch Teilerfolge. Warten Sie nicht auf den großen Erfolg, sondern honorieren Sie auch Teilerfolge. Damit halten Sie gerade bei langwierigen Projekten Ihre Mitarbeiter bei der Stange.

Bemerkenswert

Neben elementaren Bedürfnissen wie Hunger, Durst, Atmen oder Sex treiben drei Basismotive den Menschen an, so der Professor für Persönlichkeitspsychologie Julius Kuhl: Leistung, Macht und sozialer Anschluss. Wir wollen etwas auf die Beine stellen, wollen herrschen und geliebt werden. Durch frühkindliche Erfahrungen sind diese drei Motive bei jedem Menschen unterschiedlich stark ausgeprägt. Bill Gates und Mutter Theresa – um nur zwei Stereotypen zu nennen – waren beides hoch motivierte Menschen und doch grundverschieden. Ausgelöst wird die Urkraft zu handeln durch einen Anreiz, der durch verschiedene Emotionen wie Sachinteresse, Habgier, Neid, die Aussicht auf Belohnung, Anerkennung oder Liebe entsteht. Ein begeisternder Chef sollte also die Antriebsmotive seiner wichtigsten Mitarbeiter kennen, um sie für sich und seine Ziele gewinnen zu können.

E wie Empathie

Das E in meiner Begeisterungsformel B = E + X steht aber nicht nur für die Erwartungshaltung des Mitarbeiters, sondern auch für Empathie. Der Begriff »Empathie« geht auf das griechische Wort »empátheia« zurück und bedeutet zu Deutsch »Einfühlung«. Das heißt, empathische Menschen haben die Fähigkeit (und die Bereitschaft), sich in die Gedanken und Emotionen eines Gesprächspartners hineinzuversetzen und Situationen aus dessen Perspektive heraus verstehen zu können. Es geht also darum zu verstehen, wie der andere bestimmte Dinge sieht und warum er entsprechend handelt. Empathie zählt zu den wichtigsten Fähigkeiten emotionaler Intelligenz. Und jetzt die gute Nachricht: Empathie lässt sich trainieren.

Empathische Menschen haben …

1. die Fähigkeit, anderen Menschen zuhören zu können und die richtigen Fragen zu stellen, sodass sie deren Motive und Beweggründe erfahren.

2. die Fähigkeit, die Körpersprache des anderen wahrzunehmen, sie zu lesen und zu verstehen. Körpersprache verrät immer, wie ein Mensch sich aktuell fühlt. Oder um mit den Worten von Körpersprache-Expertin und Diplom-Psychologin Monika Matschnig zu sprechen: »Der Körper eines Menschen spricht so laut, dass man nicht hören muss, was er, der Mensch, sagt.«

3. die Fähigkeit, Wahrnehmungs- und Beurteilungsfehler weitestgehend zu vermeiden. Durch Fehlinterpretationen bildet der Beurteiler Hypothesen, die wiederum die Wahrnehmung dahin lenken, diese Hypothesen zu bestätigen. Wir kennen das gemeinhin als »self-fulfilling prophecy«, also als selbsterfüllende Prophezeiung.

Je häufiger Sie versuchen, diese Empathiekriterien bewusst in konkreten Gesprächssituationen einzusetzen und gelegentlich auch im Nachhinein mental eine bessere Verhaltensalternative zu entwickeln, desto geschickter werden Sie.

Empathische Gespräche

Oder: endlich mal zuhören! *»Es wurde alles schon einmal gesagt. Aber weil keiner zuhört, muss alles noch einmal wiederholt werden.«* Dieser wunderbare Satz stammt von dem Schweizer Psychiater und Begründer der analytischen Psychologie C. G. Jung (1875–1961). Die wichtigste Regel in der empathischen Kommunikation lautet: Ohren auf! Drei Arten des Zuhörens sind Erfolg versprechend:

Aufnehmendes Zuhören: Bei dieser Variante sind Sie reiner Zuhörer. Auch wenn es Ihnen noch so schwerfällt: Sie sagen nichts. Ihr Interesse signalisieren Sie ausschließlich nonverbal durch körpersprachliche Signale wie leichtes Kopfnicken, Blickkontakt und einer leicht nach vorne, dem Sprecher zugewandten Haltung. Keine Fragen.

Umschreibendes Zuhören: Bei dieser Gesprächshaltung bringen Sie sich ein wenig ein und geben das Gehörte mit eigenen Worten wieder. Folgende Formulierungen helfen Ihnen dabei: »Verstehe ich Sie richtig, dass …?« oder »Ich habe jetzt verstanden, dass …« oder »Es geht Ihnen also darum, dass …« beziehungsweise »Verstehe ich Sie richtig, Sie meinen / wollen / denken / empfinden …?«. Vermeiden Sie es, Ihren eigenen Standpunkt, Ihre Bewertungen, Interpretationen oder Ratschläge mit einfließen zu lassen. Es geht hier ausschließlich um das Anliegen des Gegenübers und um Verständnis.

Aktives Zuhören: Das ist die hohe Kunst, die Königsdisziplin. Sie als Empfänger einer Nachricht versuchen hier, die Nachricht so zu verstehen, wie sie (vermutlich) bei Ihnen ankommen soll. Das heißt, Sie versetzen sich in die Lage Ihres Mitarbeiters und versuchen herauszufinden, worum es ihm wirklich geht (Absicht). Bei Unklarheiten fragen Sie als aktiver Zuhörer nach und wiederholen diese Information, um sie auf Richtigkeit zu überprüfen. Carl R. Rogers, einer der Pioniere des aktiven Zuhörens, empfiehlt folgende Techniken: *Paraphrasieren* (die Aussage wird mit eigenen Worten wiederholt), *Verbalisieren* (Die Gefühle des Gegenübers werden gespiegelt, zum Beispiel: »Sie hat das geärgert.«), *Nachfragen* (»Nachdem Sie dies gesagt hatten, reagierte Ihr Kollege nicht?«), *Zusammenfassen* (Das Gehörte mit wenigen Worten kurz wiedergeben), *Unklares Klären* (»Sie haben gesagt ›sofort‹ – war das am gleichen Tag?«) *Weiterführen* (»Und dann?«) und *Abwägen* (»War die Art und Weise, wie die Idee abgelehnt wurde, schlimmer als die Tatsache, dass sie abgelehnt wurde?«).

> Aktives Zuhören ist die hohe Kunst, die Königsdisziplin.

Warum ist Empathie wichtig?

Praktizierte Empathie hilft, mit den eigenen Emotionen und denen der Mitmenschen so umzugehen, dass diese *für* einen und *nicht gegen* einen arbeiten. Das Gegenüber merkt, dass die Präferenzen und Wünsche, aber auch die Probleme und Sorgen verstanden und berücksichtigt werden. Das bedeutet: Es arbeitet motivierter.

Man wird durch Empathie als sympathisch und sozial kompetent wahrgenommen. Es können besser und schneller Lösungen gefunden werden, da man aus der Perspektive des anderen heraus nach möglichen Lösungen sucht, Trost spendet, Situationen richtig versteht und entsprechend interpretieren kann. Auch die Kritikkompetenz steht in einem engen Zusammenhang mit Empathie. Gerade wenn es um Feedback und Kritik geht, sollte es das Ziel sein, seinem Gegenüber konstruktive Rückmeldung über dessen Handeln und dessen Ergebnisse zu liefern, ohne die Person dabei vor den Kopf zu stoßen. Empathie steigert also die Effektivität und Effizienz der gesamten Kommunikation.

Interessant

Je weiter jemand auf der Karriereleiter nach oben steigt, umso mehr nimmt in der Regel die Fähigkeit ab, persönliche Kontakte zu erkennen und zu pflegen. Dacher Keltner, der als Psychologe an der University of California in Berkeley forscht, hat Begegnungen zwischen Menschen von unterschiedlichem Status untersucht. Er stellte fest: Höhergestellte Personen richten ihren Blick seltener auf Personen von niedrigerem Rang und neigen eher dazu, Gespräche zu unterbrechen oder an sich zu reißen.

E wie Echtheit

Echtheit ist unschätzbar wertvoll. Als die Akademie für Führungskräfte der Wirtschaft 342 Topmanager nach deren entscheidenden Eigenschaften befragte, nannten 97 Prozent »Authentizität«, eben Echtheit. Nur so hätten sie den notwendigen Rückhalt in der Belegschaft, so ihre Einschätzung. Auch die britische Service-Spezialistin Lucy Kimbell sieht das in ihrer Studie so, wenn sie schreibt: »Management bedeutet künftig vor allem einen authentischen Dialog zu installieren.«

Nur: Was bedeutet es, authentisch zu sein? All die authentischen und damit charismatischen Persönlichkeiten, die ich bislang persönlich kennenlernen durfte, verfügen über folgende wesentliche Charakterzüge:

1. Sie sind im Hier und Jetzt und nicht in der Vergangenheit.
2. Sie lieben sich bedingungslos, was aber nicht mit Narzissmus zu verwechseln ist. Sie finden sich einfach nur gut, so wie sie sind, und sind in ihrer Mitte.
3. Sie stehen positiven wie negativen Informationen offen gegenüber, sie haben keine Angst.

Authentische Chefs scheuen die Auseinandersetzung mit ihrem Team nicht. Das heißt, sie lassen ihre Mitarbeiter mitreden, gewähren ihnen Handlungsspielräume, setzen ihnen Ziele, fördern sie und versuchen, gemeinsam mit ihrem Team aus Fehlern zu lernen. Kurz gesagt: Handlungsspielräume, Fairness, Offenheit, Vertrauen und die Möglichkeit, sich zu qualifizieren, schaffen ein begeisterndes und motivierendes Arbeitsklima.

Spielregeln der Mitarbeiterbegeisterung:

1. DU, liebe Führungskraft, bist der größte Begeisterungsfaktor, die treibende Kraft auf dem Weg vom Mitarbeiter zum Fan.
2. Good enough versus Best in the World: Es reicht nicht mehr aus, nur ein Chef oder ein guter Chef zu sein. High Potentials können sich aussuchen, für wen sie arbeiten, und das tun sie auch.
3. Tappen Sie nicht in die AGABU-Falle: Das Geheimnis des Könnens liegt auch beim Thema Mitarbeiterbegeisterung im Wollen.

Vom Warum zum Was – der Golden Circle

Warum ist Ihnen ausgerechnet dieses eine Projekt so wichtig? Warum liegt Ihnen die Umsetzung einer bestimmten Idee so sehr am Herzen? Mitarbeiter sind dann motiviert und zu Höchstleistungen bereit, wenn sie einen Sinn in ihrer Tätigkeit sehen.

Mitarbeiterbegeisterung in der Praxis:

- Installieren Sie ein aktives ERM-(Employee-Relationship-Management)-System
- Organisieren Sie Begeisterungs-Events!
- Gründen Sie eine Begeisterungs-Taskforce
- Regen Sie Kreativ-Meetings an!

B = E + X gilt auch für die Mitarbeiterbegeisterung:

Das E steht unter anderem für die Erwartungshaltung Ihrer Mitarbeiter. Mit welchem nützlichen, einzigartigen, individuellen und überraschenden X-Faktor begeistern Sie sie?

Was wollen Mitarbeiter wirklich?
Sie wünschen sich an erster Stelle Anerkennung für die geleistete Arbeit.

Seien Sie authentisch!
Charismatische Führungspersönlichkeiten sind im Hier und Jetzt und nicht in der Vergangenheit. Sie lieben sich bedingungslos. Sie stehen positiven wie negativen Informationen offen gegenüber, sie haben keine Angst.

SICH SELBST BEGEISTERN:

Vom Ich zum Fan

hr Schreibtisch biegt sich vor Arbeit, das Telefon klingelt ohne Unterbrechung, Ihr Jüngster liegt mit Masern zu Hause im Bett und dann kommt auch noch jemand und verlangt von Ihnen, aus Kunden Fans zu machen? Um bei den täglichen Anforderungen im Berufs- und Privatleben selbst bei Laune und Begeisterung zu bleiben, bedarf es vor allem einer Eigenschaft: Bewusstsein. Des Bewusstseins, dass auch Sie begeistert sein wollen. Doch wie gelingt das?

Allzu gerne würde ich Ihnen an dieser Stelle des Buches exakt dieselben Erfolgsrezepte an die Hand geben, die ich Ihnen bereits in den ersten beiden Kapiteln empfohlen habe:

- **Begeistern Sie sich selbst mit der Begeisterungsformel!**
- **Selbstbegeisterung = Erwartungshaltung + X:**
  Hören Sie intensiv in sich hinein, und erkunden Sie Ihre Erwartungshaltung im Berufs- und im Privatleben.

Schaffen Sie selbstmotivierende Momente anhand der Begeisterungsmatrix! Wenn Sie nach einer Aktivität suchen, die das Potenzial haben soll, Sie aus dem Motivationsloch zu holen und wirklich zu begeistern, braucht diese Aktivität einen persönlichen Nutzen, einen USP. Sie sollte ganz auf Ihre Bedürfnisse zugeschnitten sein und überdies ein überraschendes Element für Sie bereithalten.

Das stimmt alles, ist aber nur die halbe Wahrheit. Denn während Kunden- und Mitarbeiterbegeisterung zu einem Großteil bestimmten Gesetzen folgt, führt unsere Selbstmotivation ein merkwürdiges Eigenleben: Wir Menschen schaffen das Unmögliche und können von einer Sekunde auf die andere in ein Motivationsloch geraten. Unsere Stimmungslage ändert sich ähnlich schlagartig wie ein Chamäleon seine Farbe wechselt. Jeder Mensch kennt dieses Phänomen: Plötzlich, wie aus dem Nichts, legt sich ein Schleier auf unser Gemüt. Und wenn man uns fragen würde: »Was ist denn passiert?«, könnten wir unter Umständen nicht einmal einen konkreten Grund dafür nennen. Schuld daran haben meistens negative Gedanken, die ich als Gedankenviren bezeichne. Ähnlich wie bei einer Erkältung mit Kopf- und Gliederschmerzen. Die Viren wurden nicht um ihr Erscheinen gebeten, sie haben auch nicht höflich vorher angeklopft, sondern sie haben sich einfach frech in unserem Körper eingenistet. Ungebeten, unerwünscht. Aber sie sind da. Jetzt müssen Sie handeln.

Die glorreichen Sieben: Mental-Switches, die wirken

Mit Mental-Switches können Sie diese Viren wieder loswerden, denn Sie helfen uns, negative Gedanken umzupolen und das Beste aus dieser Herausforderung zu machen.

Mental-Switch Nummer 1: das Gute annehmen können

Kennen Sie das? Sie möchten einem Menschen etwas Gutes tun und noch bevor Sie den Satz zu Ende gesprochen haben, winkt Ihr Gegenüber ab und sagt: »Nein, das muss nicht sein« oder »Nein, das brauche ich nicht.« Ich kenne erstaunlich viele solcher Menschen und ich war lange Zeit selbst einer von ihnen. Bei einem Treffen im Lions Club trat ein Freund an mich heran und meinte: »Ich möchte unbedingt mit meinem Team ein Kommunikationsseminar bei dir belegen«, und ich hörte mich sagen: »Das können wir gerne machen, aber fühle dich nicht verpflichtet, nur weil wir im selben Club sind.« Noch bevor ich das Gute annehmen konnte, griff ein völlig unsinniger Abwehrmechanismus ein. Mir war zu dem damaligen Zeitpunkt diese Blockade nicht bewusst, erst viel später konnte ich dieses Verhalten einordnen und damit besser umgehen. Wie sieht das bei Ihnen aus? Können Sie das Gute – auch in sich selbst (!) – annehmen? Können Sie zum Beispiel laut in der Öffentlichkeit sagen, dass Sie etwas richtig gut können? Erlauben Sie sich, eine Nummer eins zu sein oder bestenfalls eine gute Nummer zwei? Fällt es Ihnen manchmal schwer, Ja zu sich selbst zu sagen, weil Sie weniger Ihre Stärken, sondern vor allem Ihre Grenzen und Schwächen sehen? Erinnern Sie sich Ihrer Größe, seien Sie bereit, das Gute anzunehmen!

Mental-Switch Nummer 2: Gelassenheit

»Mein Leben braucht diesen Job als Konzernchef nicht«, sagte Thyssen-Krupp-Chef Heinrich Hiesinger in einem Interview und fügte lächelnd an: »Ich habe gelernt, dass zu Führung eine gewisse Gelassenheit gehört.« Wie sieht es bei Ihnen aus? Immer auf der Überholspur? Immer ein Zielbild vor Augen? Ja? Die Folge ist, dass Sie Energie verlieren, denn nur eine Kombination aus Anspannung und Entspannung führt zu Höchstleistungen. Gelassenheit verschafft Ihnen ein deutlich souveräneres Auftreten mit besseren Ergebnissen.

So gelangen Sie zu mehr Gelassenheit

Erkennen Sie als Erstes, was Sie davon abhält, gelassen zu sein. Gehen Sie systematisch vor. Erstellen Sie eine Liste: Was regt Sie immer wieder auf oder setzt Sie unter Druck? Das kann zum Beispiel schon die morgendliche Autofahrt zur Arbeit sein, bei der Sie tagtäglich im Stau stehen. Stellen Sie fest, dass es nicht die Situation ist, die Sie stresst, sondern das von Ihnen dazu erzeugte Gefühl. Machen Sie sich aus dieser Erkenntnis heraus klar, dass es Reize sind, die Sie aus der Bahn werfen. Reize, die in Ihnen negativ behaftete Emotionen hervorrufen. Sie sind es selbst, der eine Situation als unangenehm bewertet: Realität ist das, was Sie daraus machen. Diplompsychologe und Verhaltenstherapeut Jens Corssen hat einmal den wunderbaren Satz formuliert: »Wo ich bin, will ich sein.« Das bedeutet künftig für Sie, wenn Sie im Stau stecken oder in einem langen Meeting: »Wo ich bin, will ich sein«. Oder im Supermarkt in der Kassenschlange: »Wo ich bin, will ich sein.« Geht Ihnen dieser Satz mühelos über die Lippen? Wenn ja, dann sind Sie auf dem besten Weg, gelassener zu werden.

> Machen Sie sich bewusst, dass Sie Situationen selbst bewerten. Sagen Sie sich: »Wo ich bin, will ich sein.«

Tipps für mehr Gelassenheit

Tipp 1: Akuten Stress können Sie schnell durch positive Gedanken und den Einsatz Ihrer Körpersprache eindämmen. Stellen Sie sich vor Ihrem inneren Auge ein für Sie angenehmes Bild vor, etwa einen Sandstrand, blauen Himmel oder ein wunderbares Gebirgspanorama. Im nächsten Schritt verankern Sie dieses Bild mit einer kleinen Geste, indem Sie zum Beispiel die Handinnenflächen aneinanderdrücken. Bald werden Sie in Stresssituationen das innere Bild gar nicht mehr brauchen, sondern nur die Geste, um sich Entspannung zu verschaffen.

Tipp 2: Gönnen Sie Ihrem Perfektionismus eine Verschnaufpause. Es müssen nicht immer 110 Prozent sein. Setzen Sie Ihre Prioritäten anders, und seien Sie auch mal bereit, fünf gerade sein zu lassen. Machen Sie was Verrücktes: Hinterlassen Sie Ihren Schreibtisch mal nur halb aufgeräumt.

Tipp 3: Geben Sie Ihrer Umgebung ein persönliches Gelassenheitsdesign. Falls es Ihnen möglich ist, gestalten Sie Ihren Arbeitsplatz mit Farben, Düften, Bildern und Tönen, die Ihnen gut tun.

Tipp 4: Sinnvolle Zeitplanung mit Puffer: Es mag auf den ersten Blick effektiv sein, jede Sekunde des Tages genau auszureizen, aber unterm Strich bleibt nur Anspannung und Druck. Verschaffen Sie sich Verschnaufpausen, um Ihre Akkus wieder aufzuladen. So arbeiten Sie auf Dauer wirklich effektiv und entspannt.

Tipp 5: Machen Sie einen Kurztrip auf die Insel der Gelassenheit: Wenn Sie merken, wie Stress in Ihnen aufsteigt, reisen Sie gedanklich auf Ihre persönliche Insel der inneren Ruhe. Hier können Sie die Gedanken, die Sie beängstigen (»Das schaffe ich nie«), als Gast begrüßen und sich fragen: »Was habe ich von diesem Besuch?« Jetzt haben Sie in Ihrer sinnlichen Wahrnehmung den Abstand zum gefühlsauslösenden Reiz geschaffen. Sie können nun entscheiden: »Will ich diesen Gast empfangen, oder darf er meine Insel nicht betreten?« Vergegenwärtigen Sie sich auch, was die angenehme Umgebung Ihrer Insel alles bietet: Ihre Stärken und Erfolge, Werte und Ziele, aber auch Familie oder Freunde. Fragen Sie sich: Kann mir wirklich jemand an diesem schönen Ort etwas anhaben?

Mental-Switch Nummer 3: Was Sie ärgert, bringt Sie weiter

Wer kennt sie nicht, die Zeitdiebe und Energieräuber im Berufsleben? Die Selbstdarsteller und Narzissten, die einem den letzten Nerv rauben. Wie reagieren Sie auf diese Menschen? Beißen Sie sich die Zähne daran aus oder sehen Sie sie als Herausforderung? Meistens treffen diese Menschen einen wunden Punkt in einem selbst. Sie haben unter Umständen sogar eine Fähigkeit, um die Sie sie beneiden. Ihrem Kollegen gelingt es, sich gut beim Chef zu verkaufen? Wäre es nicht schön, wenn Sie sich selbst und Ihre Leistung auch mit breiter Brust verkaufen könnten? Ihr Kunde ist arrogant? Ach, herrlich, hätten Sie nicht auch manchmal gerne mehr Macht? Finden Sie heraus, was genau Sie bei diesen Persönlichkeiten auf die Palme bringt. Exakt hier liegen meist Ihre Schwachstellen und geheimen Wünsche verborgen. Sie sollten diesen Menschen dankbar sein, denn sie stellen Ihnen eine herausfordernde Aufgabe.

Mental-Switch Nummer 4: sich auf einen Lebensmentor stützen

Mentor ist ursprünglich eine Figur aus Homers Epos *Odyssee*, die sich dadurch auszeichnet, dass sie den Sohn des Helden beschützt. Heute bezeichnen wir mit diesem Begriff einen älteren, klugen und wohlwollenden Berater eines jungen Menschen. Genauso wenig, wie ein Minister gleichzeitig Ahnung von Wirtschafts-, Außen- und Familienpolitik haben kann, können Sie sich alle Fragen des Lebens selbst beantworten. Gewisse Situationen erscheinen umso komplexer, je mehr Sie darin verstrickt sind. Besonders wertvoll ist es dann, die Sichtweise eines anderen Menschen zu kennen, zu dem Sie absolutes Vertrauen haben. Meine persönlichen Berater nenne ich nicht »Mentoren«, sondern »väterliche Freunde und Ratgeber«. (Oh Gott, wie sie diesen Begriff hassen!) Sie sind gar nicht mal so viel älter als ich und heißen Martin, Klaus, Hilmar, Rainer, Robert und Eberhard. Jeder für sich steht im Leben, und jeden von ihnen kann ich fragen, wenn ich in einer Situation keine Antworten finde. Wie lauten die Namen Ihrer Lebensmentoren?

Mein Lebensmentor 1:

....

Seine / ihre Stärken, die auch mich stärken:

....

....

....

Mein Lebensmentor 2:

....

Seine / ihre Stärken, die auch mich stärken:

....

....

....

Mein Lebensmentor 3:

....

Seine / ihre Stärken, die auch mich stärken:

....

....

Mental-Switch Nummer 5: stolz auf sich sein

Blicken Sie einen Moment zurück, und überlegen Sie: Was ist Ihr persönliches Meisterwerk? Was war das Beste, das Sie bislang in Ihrem ganzen Leben geleistet haben? Ihre Kinder? Ihre Familie? Eine besonders gelungene Präsentation vor schwierigem Publikum? Wenn Sie an Ihre Meisterleistung denken, welche Farbe fällt Ihnen als Erstes ein? Gold? Gelb? Würde man diese Meisterleistung in Öl malen, wie würde das Kunstwerk aussehen? Wie groß wäre es? Wie groß wären Sie darauf? Wenn es von Ihrer persönlichen Meisterleistung wirklich ein Foto gibt, dann lassen Sie davon ein großformatiges Poster erstellen und es auf eine Holzfaserplatte im Format 180 mal 100 Zentimeter ziehen. Hängen Sie dieses Bild an einem Ort in Ihrem Büro oder in Ihrer Wohnung auf, der Ihnen viel bedeutet und an dem Sie oft vorbeikommen. Ich kenne einen Hotelier, der alle seine Auszeichnungen in einer Vitrine zwischen der Herren- und Damentoilette ausstellt. »Wie bescheiden«, dachte ich im ersten Moment, bis mir bewusst wurde, dass es keinen besseren Ort gibt, um die Ehrungen möglichst vielen Menschen zu zeigen.

> **Würde man Ihre größte persönliche Leistung in Öl malen, wie würde dieses Kunstwerk aussehen?**

Mental-Switch Nummer 6: Was Sie beruflich tun, tun Sie freiwillig!

»Kündige doch!« – dieser Ratschlag eines Bekannten hat mich hart getroffen, denn ich wollte damals meinen Job nicht kündigen. Ich war viel zu bequem. Viel lieber habe ich über die Umstände an meinem Arbeitsplatz gejammert und mir die alten Zeiten zurückgewünscht. Aber er hatte recht: Kein Mensch zwingt uns, beruflich das zu tun, was wir tun. Letztlich ist es Ihre freie Entscheidung, dass Sie genau in dem Unternehmen arbeiten, für das Sie gerade tätig sind, und genau an dem Schreibtisch sitzen, an dem Sie gerade arbeiten. Es zwingen Sie vielleicht bestimmte Umstände privater Natur, nicht aber Ihr Chef oder Ihre Führungskraft und erst recht nicht das Unternehmen. Hand aufs Herz: Wie oft haben Sie schon innerlich gekündigt und sich über

Ihre Kunden, Kollegen oder auch über Ihre Vorgesetzten geärgert – und nie hat sich daraufhin was geändert?

In meiner Radiolaufbahn erlebe ich bislang viele Programmdirektorenwechsel, wovon einer gravierend war. Lange Zeit konnten die Moderatoren in ihren Sendungen ungehemmt frech, kreativ und unkonventionell sein, aber irgendwann stimmten die Quoten nicht mehr. Dann kam ein neuer Chef und mit ihm ein neues Sendeformat, das uns allen nicht schmeckte. So musste jeder Moderator für sich die Frage beantworten, wie es für ihn weitergehen sollte. Mehrere Kollegen änderten ihre Situation und kündigten. Für mich war ein Wechsel zu einer anderen Radiostation keine Option, denn ich arbeite gerne beim Marktführer. So blieb mir nur die Wahl, meine Einstellung zu ändern. Ein paar Jahre und Hunderte von Sendungen später änderte ich auch noch meine Situation und verringerte die Anzahl meiner Shows. Gemeinsam mit der Programmdirektion erarbeitete ich ein Konzept für eine eigene Sendung und stehe seitdem nur noch jeden Samstag von sechs bis zwölf Uhr mit größter Freude im Sendestudio und darf dort zu einem Millionenpublikum sprechen.

Mental-Switch Nummer 7: Überwinden Sie lähmende Selbstzweifel!

Gelegentliche Selbstzweifel sind zum Glück nicht ausschließlich ungesund oder schädlich. Im Gegenteil, sie spornen uns an und sorgen dafür, dass wir uns nicht in träger Selbstzufriedenheit sonnen. Der Versuch, sie zu verdrängen oder zu ignorieren, frisst auf Dauer zu viel Energie. Die wichtigste Voraussetzung für die Bewältigung von Alltagsängsten sind ein paar schlichte Einsichten:

- Es gibt keine »schlechten« Gefühle und Bedürfnisse. Negative, unangenehme und störende Gefühle und Bedürfnisse sind keine Krankheiten.

- Ich bin nicht meine negativen, unangenehmen und störenden Gefühle und Bedürfnisse. Ich bin ich, und sie sind nur ein temporäres Erlebnis.

- Ich habe Einfluss auf meine Gefühle und Bedürfnisse.

- Ich stehe mit meinen Gefühlen und Bedürfnissen nicht alleine da. Es gibt Millionen andere Menschen, denen es genauso geht, und es gibt Menschen, die uns zuhören und weiterhelfen können, wenn wir uns ihnen gegenüber öffnen.

Wie Sie sich selbst überraschen

Und nun zu einem weiteren Mental-Switch, mit dem Sie es schaffen, sich positiv einzustimmen und zu begeistern. Denn auch wenn man sich nicht selbst kitzeln kann, wie eine britisch-kanadische Studie herausgefunden hat – sich selbst begeistern geht! Glaubt man dem emeritierten Psychologieprofessor, Philosophen und Kreativitätsexperten Mihály Csíkszentmihályi, ist der erste Schritt zu einem inspirierten Leben, die eigene Neugierde und das Interesse zu fördern. Das bedeutet für Sie, sich ein Stück weit von Ihren alten Gewohnheiten zu verabschieden und dem Leben grundsätzlich offener zu begegnen.

CSÍKSZENTMIHÁLYIS TIPPS ZUR SELBSTBEGEISTERUNG:
- **Versuchen Sie, jeden Tag über etwas erstaunt zu sein.**
- **Versetzen Sie mindestens einen Menschen pro Tag in Erstaunen.**
- **Schreiben Sie täglich auf, worüber Sie erstaunt waren und wie Sie selbst andere Menschen erstaunten.**

Fragen Sie sich: Was bringt Sie zum Staunen, was erweitert Ihren Horizont und begeistert Sie?

Was Sie im Beruf begeistern könnte:

- neue Erkenntnisse über Ihren Job, über Mitbewerber, Kollegen, Ihre Fähigkeiten, Themen, mit denen Sie sich beschäftigen;
- anregende Gespräche mit Netzwerkpartnern;

- positive Selbstbewertung: sich nach einer Handlung als hilfsbereit oder kompetent zu erleben beziehungsweise das Gefühl haben, etwas verstanden oder dazugelernt zu haben;
- einen anderen Weg zur Arbeit wählen als sonst;
- das Auto mal stehen lassen und stattdessen das Fahrrad oder ein öffentliches Verkehrsmittel nutzen;
- den eigenen Arbeitsplatz aus der Perspektive eines Menschen betrachten, der diesen zum ersten Mal sieht, und gegebenenfalls entrümpeln, ein neues Bild aufhängen etc.;
- einen humorvolleren und besonders wertschätzenden Ton im Büro anschlagen;
- die Aussicht auf Lob, Anerkennung, eine Lohnerhöhung oder eine Beförderung.

Was Sie im Privatleben begeistern könnte:

- eine neue Sportart, ein neues Hobby ausprobieren;
- jeden Tag unter ein Motto stellen;
- früher aufstehen und joggen gehen oder schön frühstücken und Zeitung lesen;
- kulturell etwas Neues versuchen, ins Theater oder in die Oper gehen, sich Wagner aussetzen;
- eine sonntägliche Führung durchs Museum mitmachen und dort neue Impulse erhalten;
- sich über neue Musiktrends in einem Musikladen beraten lassen und reinhören;
- ein Konzert besuchen, etwas Modernes, Schräges, Ungewöhnliches;
- sich in einer Buchhandlung Bücher über einen komplett neuen Bereich aussuchen oder darüber in einer Bibliothek schmökern (zum Beispiel über Astronomie, Karl den Großen, Sokrates oder Traditionelle Chinesische Medizin ...);
- an einem Vortrag teilnehmen;
- sonntagmorgens ins Kino gehen – Kinomatinee und Frühstück;
- einen Ausflug in die Natur unternehmen;
- abends in der Stadt ausgehen und mit dem Besuch einer netten Bar beginnen;

- beim Austausch mit Freunden auf mehr Ehrlichkeit achten;
- ein neues Stadtviertel, eine neue Stadt entdecken;
- den eigenen Partner wahrnehmen wie beim ersten Date, bewusst, interessiert und um seine Gunst werbend …

Sehen Sie bei allem, was Sie tun, genau hin, und erkennen Sie auch die Kleinigkeiten, die oftmals am meisten begeistern. Das kann eine witzige Wortneuschöpfung sein, eine schlagfertige Bemerkung eines Kollegen (um diese wiederum selbst zu nutzen, Stichwort: Schlagfertigkeitsbibliothek), aber auch eine ungewöhnliche Beschichtung, die Sie an einer öffentlichen Plakatwand entdecken und die Ihr Produkt wesentlich verbessern kann.

> **Sehen Sie genau hin und entdeckten Sie auch die begeisternden Kleinigkeiten.**

Inspiriert leben

Neue Dinge bereichern uns, sie lösen Begeisterung in uns aus und sind eine wichtige Basis für gute Gedanken. Nach Ansicht des amerikanischen Innovationswissenschaftlers Terry Connolly beflügelt uns grundsätzlich alles Neue, ein Ortswechsel genauso wie die Aura eines Schuppens, einer Garage oder ein ungewohnter kultureller Input. Für Csíkszentmihályi entfaltet sich Kreativität »oft an Schnittstellen verschiedener Kulturen, wo Überzeugungen, Lebensweisen und Erlebnisse zusammentreffen und dem einzelnen die Möglichkeit geben, neue Ideenkombinationen offensichtlicher wahrzunehmen. In uniformen und starren Kulturen kostet es mehr Anstrengung, neue Denkweisen hervorzubringen.«

Wenn wir aus unserem Alltagstrott herauskommen, sind unsere Sinne dank Dopamin geschärfter, wir sind offener und bewusster. Das bedeutet nicht nur, täglich die Zeitung zu lesen und sich mit neuem Wissen zu versorgen – denn »neu« bedeutet noch viel mehr: Er reicht vom bloßen Wissenserweitern über grenzgängerische Experimente bis hin zum Erkunden neuer Welten. Das schließt natürlich auch ein, dass wir ab und zu unsere Komfortzone verlassen, um wieder schärfer zu sehen und unseren Horizont zu erweitern. Um uns selbst zu überraschen.

Beginnen Sie einfach und setzen Sie sich zum Ziel, jeden Monat etwas Ungewöhnliches zu unternehmen. Etwas, das Sie grundsätzlich interessiert, aber auch mal etwas, wozu Sie sich zum Beispiel durch einen Freund oder die Ankündigung in einem Magazin mitreißen lassen. Hier ein paar Anregungen, wo Sie sich überall den Kick des Neuen holen können:

Loten Sie kulturelle Schnittstellen aus!

Anknüpfungspunkte, die mit Ihrem »eigentlichen« Leben nichts zu tun haben, sind extrem inspirierend, Sie sollten versuchen, diese bewusst in Ihr Leben zu integrieren. Verlassen Sie Ihr gewohntes Umfeld, und besuchen Sie eine völlig fachfremde Messe. Kaufen Sie eine Eintrittskarte für eine Anglerbedarfsmesse! Ach, Sie angeln nicht? Umso besser! Fragen Sie einen der Aussteller nach den Geheimnissen des Fliegenfischens, und kommen Sie zu der spannenden Erkenntnis, dass Fische, wie Menschen, manchmal auf Sachen anspringen, nur weil diese gut aussehen, nicht weil sie gut schmecken. »Der Verstand lässt viel schneller nach als der Körper«, schreibt Norman Maclean in seinem Roman *A River Runs Through It And Other Stories*, vielen bekannt auch als Verfilmung *Aus der Mitte entspringt ein Fluss* mit Brad Pitt. Impulse, die Ihren Horizont erweitern, gibt's auch auf ungewöhnlichen Kongressen, Seminaren, Vorträgen und Workshops. Gehen Sie in die Extreme.

> Verlassen Sie Ihr gewohntes Umfeld, und entdecken Sie Impulse, die Ihren Horizont erweitern.

Finden Sie inspirierende Geister!

Ziehen Sie Inspiration aus den Gedanken von Philosophen und Dichtern (Aristoteles, Philipp Hübl, Martin Mosebach, Ernst Jandl …), indem Sie deren Werke oder Abhandlungen darüber lesen. Oder vertiefen Sie sich in Teilbereiche der Geschichte, schmökern Sie über Karl den Großen, über unsere Urahnen, die Germanen, oder die Geschichte Chinas. Begeben Sie sich auf die Spuren von Kreativen, Entdeckern oder unkonventionellen Unternehmern. Fragen Sie sich, wer für Sie zum Vorbild taugen könnte, und lesen Sie seine Biografie.

THINK-TANK!

Welche Personen fallen Ihnen zum Stichwort »Think-Tank« ein? Wer sind die Menschen, die ungewöhnlich denken, sich für Trends interessieren und gerne die Nase vorne haben? Treffen Sie sie öfter, oder sprechen Sie sie proaktiv an!

Erkunden Sie neue Welten!

Anstatt ins Theater oder ins Kino zu gehen, kaufen Sie mal Karten für ein junges experimentelles Theaterstück, eine Buchlesung, ein Rock- oder Volksmusikkonzert. Falls Sie dann feststellen, dass dies nichts für Sie ist, haben Sie den Mut zu gehen. Sie sollten sich zu nichts zwingen, aber offen für alles sein. Lassen Sie sich von anderen Welten inspirieren, indem Sie zum Beispiel ins Völkerkundemuseum gehen, auf einen Schrottplatz, in ein Planetarium, in eine Suppenküche für Obdachlose oder in einen Laden mit ungewöhnlichen Artikeln, zum Beispiel einen Dritte-Welt-Laden oder ein Spielwarengeschäft. Oder Sie gehen einfach mal in eine Kirche und zünden dort eine Kerze an.

Gehen Sie an Grenzen!

Es muss nicht gleich Fallschirmspringen oder House-Running sein. An Ihre Grenzen können Sie auch mit dem Besuch einer ungewöhnlichen Inszenierung, eines Boxkampfes oder mit einer kurzen Schweigeein- kehr in einem Kloster gehen und so eine Tür aufstoßen, die Ihnen neue Anreize und wertvolle Erkenntnisse bietet. Kostet Überwindung, lohnt sich aber. Vielleicht hilft die Initiative eines Freundes oder Kol- legen Ihnen dabei, sich leichter darauf einzulassen.

Brechen Sie mit Gewohnheiten!

Das bedeutet nicht nur, dass Sie nach der Arbeit neue Wege beschreiten und etwas Ungewöhnliches unternehmen sollten, Sie können auch schon morgens damit beginnen. Indem Sie zum Beispiel eine halbe Stunde früher aufstehen, joggen, ins Fitnessstudio gehen oder ausgiebig und nicht bloß auf die Schnelle frühstücken. Oder Sie planen 15 Minuten mehr Fahrzeit ein und machen auf dem Weg in die Arbeit einen Zwischenstopp in einem Café. Stellen Sie sich den Wecker auf fünf Uhr morgens und machen Sie einen erfrischenden Spaziergang durch einen Park. Wenn Sie die persönliche Wahrheit oder die Lösung für ein Problem suchen, gehen Sie in die Natur. Unternehmer wie etwa Klaus Hipp, Roland Berger und auch Kurt Nübling, Geschäftsführer des Duftherstellers Primavera, schwören auf die beflügelnde Kraft der Natur, was Ideen und Problemlösungen anbelangt.

Die Fähigkeit, Probleme zu lösen, erhöht sich in der Natur, wie eine Studie des amerikanischen Psychologen David Strayer herausfand, um 50 Prozent. Eine mögliche Erklärung hierfür könnte nach Ansicht des Forschers die »Attention Restoration Theory« sein. Sie besagt, dass es Energie kostet, seine Aufmerksamkeit auf bestimmte Reize zu richten und andere, störende, die durch die Ablenkungen der modernen Welt auf uns einprasseln, herauszufiltern. Im Grünen brauchen wir weniger willentliche Aufmerksamkeit. Es kann aber auch sein, so die Überlegung des Psychologen, dass es der Verzicht auf die technischen Geräte und die damit verbundene permanente Habachtstellung den Unterschied ausmachen. Also: Das Handy bleibt zu Hause!

Erschließen Sie sich Zukunftswelten!

Wer sich mit einem Magazin auf neueste Trends einstimmen möchte, sollte in *Wallpaper, Nylon, Wired, Spruce* oder *Dazed & Confused* blättern oder einfach mal in der Bahnhofs- oder Flughafenbuchhandlung in deutschen und internationalen Magazinen stöbern. Interessante Webseiten sind: influxinsights.com, psfk.com oder ted.com. Denn neue Perspektiven und Eindrücke bringen neue Ideen, die nicht nur Sie persönlich bereichern, sondern vielleicht auch Ihr nächstes Meeting oder

Kundengespräch. Zusätzlich bleiben wir dadurch, dass wir uns neues Wissen aneignen, jung und geistig fit. »Ohne Herausforderungen verblöden wir«, findet Neurobiologe Gerald Hüther. Das heißt, nur wer Hürden überwindet, kann als Mensch wachsen. Das gelingt denen leichter, die Mut zu kleinen Schritten haben und Vertrauen in sich selbst besitzen.

Nur wer Hürden überwindet, kann als Mensch wachsen.

Selbstwirksamkeit – Selbstvertrauen begeistert

Selbstwirksamkeit ist die Überzeugung, dass wir das, was wir gerade tun wollen, auch tun können. Wir haben Vertrauen in uns selbst. Den Begriff »Selbstwirksamkeit« prägte der kanadische Psychologe Albert Bandura bereits in den 1970er-Jahren. Durch die aktuelle Diskussion um Depression und Burnout (was nichts anderes als eine Erschöpfungsdepression ist) wurde der Begriff wieder neu belebt. Selbstwirksamkeit speist sich aus vier Quellen:

1. Vertrauen in sich selbst, weil man auf eigene Erfolgserlebnisse zurückblicken kann, und bewiesen hat, dass man in der Lage ist, Herausforderungen zu bewältigen.

2. Wahrzunehmen, dass andere, die die gleichen Fähigkeiten besitzen wie man selbst, eine Aufgabe meistern. Das motiviert und stärkt die Überzeugung, es auch schaffen zu können.

3. Verbale Ermutigung, die zum Ausdruck bringt, dass andere an einen glauben und einem zutrauen, mit bestimmten Situationen klarzukommen. Übrigens: Menschen, denen zugetraut wird, eine bestimmte Aufgabe zu meistern, strengen sich mehr an. Sie glauben mehr an sich, als wenn andere an ihren Fähigkeiten zweifeln würden. Allerdings sollte man von niemandem Unrealistisches fordern. Das führt bei wiederholtem Misserfolg zum Gegenteil des Gewünschten und demotiviert den anderen.

4. Das Wissen, dass es Wege und Möglichkeiten gibt, die eigene emotionale Erregung wie Angst oder Stress im entsprechenden Moment abzubauen und sich zu entspannen.

All diese vier Punkte helfen, Selbstwirksamkeit, eben Vertrauen in die eigene Kompetenz aufzubauen und zu verstärken. Aus diesem Grund vergleicht der Neurobiologe Gerald Hüther den Ausweg aus Krisensituationen mit einem dreibeinigen Hocker. Man müsse, sagte er gegenüber dem Nachrichtenmagazin *Focus*, das Vertrauen in sich selbst fördern, das wäre das erste Stuhlbein. Als Nächstes das Vertrauen in einen anderen, sich also bewusst machen, dass jemand da ist, mit dem man Schwierigkeiten im Notfall gemeinsam meistern kann, und drittens das allgemeine Vertrauen, dass alles wieder gut wird, dass es weitergeht. Hüther nennt es das »Weltvertrauen«.

Der Glaube an sich selbst setzt, wenn man realistisch sein möchte, Geduld und Übung voraus. Schließlich kann man sich nur auf sich selbst verlassen, wenn man auf entsprechende positive Erfahrungen und Mittel zurückblicken kann, die einem helfen, zum Beispiel in stressigen Situationen sich zu entspannen, um auch dann sein Potenzial voll ausschöpfen zu können. Es ist wichtig, große Ziele in Teilziele zu zerlegen, weil sie der Reihe nach leichter zu bewältigen sind und weil deren Erreichung einzeln gefeiert werden kann. Durch diese Herangehensweise wächst das Selbstvertrauen. Es ist, wie wenn man sich selbst Handlungsspielräume gewährt und diese immer weiter ausdehnt. Man erfährt sich als sinnvoll in dem, was man tut. Das schenkt wiederum Lebens- und Schaffensfreude, was nichts anderes ist als Begeisterung. Begeisterung für das, was man tut.

> **Zerlegen Sie große Ziele in Teilziele und feiern Sie es, wenn Sie diese erreichen.**

Kennen Sie Ihre persönlichen Stärken und Schwächen?

Wo wir schon beim Selbstvertrauen sind, wissen Sie, was *wirklich* in Ihnen steckt? Kennen Sie Ihre Kernkompetenzen, Ihre brillanten Eigenschaften ebenso wie Ihre weniger positiven Charaktermerkmale?

Um Ihre Ecken und Kanten herauszufinden, nehmen Sie bitte ein Blatt Papier zur Hand. Knicken Sie das Blatt in der Mitte, und falten Sie es wieder auseinander. In die obere Hälfte schreiben Sie nun Ihre Stärken, in die untere Hälfte Ihre Schwächen. Denken Sie daran: Jeder Mensch hat Stärken und Schwächen. Es gibt keine Überflieger, und wer seine Schwächen leugnet, wird nie das Potenzial ausschöpfen, das in ihm steckt. Nur Stärken und Schwächen zusammen machen uns authentisch, und gerade Schwächen zeigen uns, wo wir noch Entwicklungsspielräume haben.

Widmen Sie sich zuerst, weil es stärker motiviert, Ihren Stärken, Ihrem Motor, Ihrem Antrieb. Notieren Sie alles, was Ihnen spontan dazu einfällt, in der oberen Hälfte des Blattes. Überlegen Sie: Was hebt Sie von anderen ab? Welches Alleinstellungsmerkmal haben Sie? Können Sie Ihre Leistung sichtbar machen? Wenn Sie nicht sofort eine Idee haben, blicken Sie Richtung Job und fragen Sie sich, wie Sie sich bei Projekten, in Meetings, bei öffentlichen Auftritten oder im Umgang mit anderen verhalten. Oder welches positive Feedback Ihnen Ihr Chef oder ein vertrauenswürdiger Kollege immer wieder gibt. Worauf ist Ihr Partner stolz? Welche Eigenschaft findet er an Ihnen so herausragend? Was schätzen Ihre Kinder, Ihre Freunde oder Ihre Verwandten besonders an Ihnen? Vielleicht greifen Sie zum Telefonhörer, rufen Ihre Liebsten an und bitten sie um fünf Eigenschaften, die sie spontan mit Ihnen in Verbindung bringen. Wie waren Sie als Kind – was zeichnete Sie bereits in frühen Jahren aus?

> **Was hebt Sie von anderen ab? Was ist Ihr Alleinstellungsmerkmal?**

Wenn Sie mit den Stärken fertig sind, dann machen Sie als Nächstes eine kleine Pause, holen tief Luft und stellen sich Ihren Schwächen.

Hören Sie jetzt auf den Skeptiker, den Kritiker in Ihnen. Skizzieren Sie zuerst, welche Schwächen Ihnen spontan in den Sinn kommen. Danach fragen Sie systematisch Beruf, Privatleben und Ihre Vergangenheit ab.

Stellen Sie die Stärken und Schwächen gegenüber: Was überwiegt? Auf welche Stärken sind Sie richtig stolz? Und welche Schwäche möchten Sie ein für alle Mal aus der Welt schaffen?

Ein Fahrplan, um Ihre Schwächen abzustellen

Suchen Sie die unangenehmste Ihrer Schwächen heraus, benennen Sie diese, und erstellen Sie eine Art Fahrplan.

Diese Schwäche hasse ich am meisten an mir:

....

....

....

Konkret werde ich ändern:

....

....

....

Dazu benötige ich (z.B. externe Unterstützung):

....

....

....

Diese Schwäche ist erledigt am (Datum):

....

Kontrollcheck am (Datum):

....

Selbsttest: Wie motiviert bin ich?

Als kleine Hilfe, um Ihre Schwächen zu identifizieren, habe ich hier den folgenden Selbsttest für Sie. Er macht Sie auf berufliche Defizite aufmerksam, die Ihnen möglicherweise verborgen waren. Zugleich kann er Ihnen als Bestätigung dienen, wenn Sie auf dem richtigen Weg sind: Jede Ja-Antwort ist eine Bestätigung, bei jeder Nein-Antwort besteht Handlungsbedarf.

1. Setze ich mir selbst herausfordernde, realistische Ziele?

   Ja ❏   Nein ❏

2. Verfolge ich diese Ziele mit Begeisterung?

   Ja ❏   Nein ❏

3. Freue ich mich auch über Teilerfolge?

   Ja ❏   Nein ❏

4. Macht mein Job mir Spaß?

   Ja ❏   Nein ❏

5. Schätze ich meinen Chef / meine Mitarbeiter / meine Kollegen?

   Ja ❏   Nein ❏

6. Freue ich mich über die Anerkennung meiner Kollegen / Mitarbeiter / meines Chefs?

   Ja ❏   Nein ❏

7. Bin ich offen für Feedback, und nehme ich Kritik nicht persönlich?

Ja ❏   Nein ❏

8. Akzeptiere ich meine Fehler und versuche, sie nicht abzustreiten, sondern daraus zu lernen?

Ja ❏   Nein ❏

9. Arbeite ich daran, eigene Schwächen zu überwinden? Zum Beispiel mithilfe eines Coaches?

Ja ❏   Nein ❏

10. Bin ich offen für Neues?

Ja ❏   Nein ❏

11. Halte ich meinen Geist wach?

Ja ❏   Nein ❏

12. Empfinde ich mich als selbstwirksam?

Ja ❏   Nein ❏

13. Achte ich auf Pausen, in denen sich mein Verstand und mein Körper erholen können?

Ja ❏   Nein ❏

14. Sehe ich mich selbst als guten Freund?

Ja ❏   Nein ❏

15. Gewinne ich Sinn nicht nur aus meiner Arbeit?

Ja ❏   Nein ❏

16. Setze ich im Umgang mit anderen Empathie ein, und achte ich auf wertschätzende Kommunikation?

Ja ❏   Nein ❏

17. Gelingt es mir, Missverständnisse zu vermeiden?

Ja ❑   Nein ❑

18. Nutze ich Humor, um angespannte Situationen zu lockern, wenn dies angemessen erscheint?

Ja ❑   Nein ❑

19. Bin ich selbstkritisch?

Ja ❑   Nein ❑

20. Kenne ich meine Stärken und Schwächen?

Ja ❑   Nein ❑

Vom Ich zum Fan: Ihr Radiospot

Und jetzt lassen Sie uns Ihre Begeisterungspower spüren, indem Sie einen Radiospot über den tollsten Menschen auf der Welt texten: sich selbst! Präsentieren Sie sich als das, was Sie sind, nämlich ein Bestseller. Ein bisschen Selbst-PR hat noch keinem geschadet, und ganz ehrlich, was hilft es Ihnen, gut zu sein, wenn es keiner weiß, am allerwenigsten Sie selbst? Dieser Radiospot hilft Ihnen, sich bewusst zu machen, dass eine ganze Menge in Ihnen steckt. Sie werden sehen, das ist ganz einfach. Beginnen Sie am besten folgendermaßen:

Einstieg (persönliche Vorstellung):
»Werbung in eigener Sache – wer macht denn so was?«, werden Sie sich fragen. Die Antwort lautet: »Ich, ... (Vorname Nachname).«

Kernaussage (persönliche Stärken):
Meine größte Stärke ist, dass ich anderen Menschen Energie geben kann. Das gelingt mir sowohl bei Kunden, die einen schlechten Tag erwischt haben, als auch bei Kollegen und Freunden, die gerade ein bisschen durchhängen. »Ach,

*war das schön, mit dir zu reden«, sagen die meisten und schenken mir das,
was mich persönlich am meisten motiviert – ein Lächeln. Und ich bin stolz
darauf, dass ich mich persönlich nicht so wichtig nehme und über mich selbst
lachen kann. Auch wenn es mal stressig wird und alle um mich herum im
Dreieck springen. Denn das ist meine dritte große Stärke: In brenzligen Situationen behalte ich den Überblick. Das freut mich, und das freut meine Chefs.*

Schluss (Slogan):
*».............................. (Vorname Nachname) ist mein Name, und ich muss
schon sagen: Ich bin wirklich gut gelungen.«*

Hat Sie das ein bisschen inspiriert? Dann sind Sie jetzt dran. Achtung,
Aufnahme!

Einstieg (persönliche Vorstellung):

Hallo, ich bin ....

Kernaussage (persönliche Stärken):

Meine größte Stärke ist ... / Ich bin von mir selbst begeistert, weil

....

....

....

....

....

....

....

....

Schluss (Slogan):

....

....

....

Sich zu kennen und zu wissen, was einen stark macht, ist wichtig. Dieses Selbst-Bewusstsein ist der Motor für Ihre Fähigkeit, sich selbst und andere Menschen zu begeistern. Nutzen Sie Ihren persönlichen Radiospot, um Ihre Selbstbegeisterung immer wieder neu zu entfachen.

16 Quicktipps zur schnellen Selbstmotivation

Doch gibt es auch für den Begeistertsten unter uns Tage, an denen es nicht so läuft, wie man sich das wünscht. Gerade in diesen dunklen Momenten gilt es, sich zu motivieren und bei Laune zu bleiben. Jetzt braucht es ein Quäntchen Selbstmotivation, damit unser Begeisterungsmotor wieder anspringt.

1. Holen Sie sich die Power von Musik!

Der zweitwichtigste Sinneskanal des Menschen nach dem visuellen ist der auditive Kanal. Stimmungen entstehen kurzfristig, sie kommen und gehen und lassen sich mit Musik schnell und effektiv beeinflussen. Erstellen Sie den Soundtrack Ihres Lebens, und legen Sie für verschiedene Stimmungen bestimmte Playlisten in Ihrem Smartphone oder MP3-Player an. Warum nicht mal Roland Kaiser oder Helene Fischer in Dauerschleife, um auf Betriebstemperatur zu kommen? Athleten nutzen vor Wettkämpfen die Energie von Musik ganz bewusst, um die nötige Grundaggressivität aufzubauen. Langlauf-Ass Tobi Angerer holte sich vor den Starts die nötige Power immer von den härtesten Klängen: Punk-Rock. Ich höre gerne vor Vorträgen in voller Lautstärke Robbie Williams *Let Me Entertain You*, um in Stimmung zu kommen. Wenn's abends dann ein bisschen ruhiger werden soll, greife ich gerne auf die Compilations von Café del mar zurück.

Sollten Sie Musik überwiegend beim Autofahren hören, dann halten Sie sich eine Studie des britischen Onlineportals *Confused* vor Augen. Ihr zufolge können vor allem Dance- und Rocksongs zum Rasen verleiten. Diese Songs sind in dieser Hinsicht besonders rasant: *Hey Mama* von der US-Hip-Hop-Partyband Black Eyed Peas. Knapp dahinter folgen die Pop-Punker von Fall Out Boy mit *Dead on Arrival*. Platz Nummer drei geht an die Hip-Hop-Künstlerin M.I.A. mit *Paper Planes*. Die Nummer eins unter den ungefährlichen Songs ist dagegen der Studie zufolge *Come Away With Me* von Norah Jones, gefolgt von *Billionaire* von Travie McCoy featuring Bruno Mars und *I'm Yours* von Jason Mraz. Allerdings ist auch hier Vorsicht geboten: Gefällt dem Fahrer die Musik nicht, kann das ebenfalls zu schneller und aggressiver Fahrweise führen.

Stimmungen lassen sich durch Musik steuern. Erstellen Sie den Soundtrack Ihres Lebens!

2. Aufrechte Haltung

Auch die Körperhaltung trägt entscheidend dazu bei, wie wir uns fühlen. Prüfen Sie, wie Sie gehen und sitzen: Schultern nach vorne, eingesunken oder aufrecht, den Brustkorb geöffnet? Ist das nicht der Fall: korrigieren. Sie werden sofort einen positiven Effekt auf die Psyche bemerken.

3. Unangenehmes zuerst

Klingt mühsam, führt aber zu einem kräftigen Motivationskick. Haben Sie zum Beispiel das heikle Telefonat gleich am frühen Morgen erledigt, ist das ein Punktsieg gegen Ihren inneren Schweinehund. Das macht Sie stolz und bessert merklich Ihre Stimmung.

4. Jemanden anrufen

Rufen Sie einen Kollegen oder Freund an. Reden tut gut – diese Erfahrung hat schon beinahe jeder Mensch gemacht: Über Traurigkeit und Ärger zu sprechen hilft, und das ganz gleich, ob mit einem Vertrauten, dem Therapeuten oder einfach nur mit einem netten Barkeeper. Wann haben Sie zum letzten Mal abends auf der Couch liegend bewusst Ihren besten Freund / Ihre beste Freundin angerufen und ein mehrstündiges Telefonat geführt?

> Reden tut gut – also greifen Sie mal wieder in einer ruhigen Minute zum Telefonhörer, und rufen Sie Ihre Freunde an!

5. Lächeln

Dieser simple Anti-Frust-Turbo kostet Sie nichts. Ein Lächeln geht aus dem Stegreif. Damit Glückshormone ausgeschüttet werden, ist es wichtig, dass sich die Ringmuskulatur ums Auge zusammen zieht. Das ist immer dann der Fall, wenn man wirklich lacht und sich Falten um die Augenwinkel kräuseln. Klemmen Sie sich einen Bleistift zwischen Nase und Oberlippe, versuchen sie, ihn 20 Sekunden lang dort zu behalten, und lächeln Sie. Die Mimik ist direkt mit dem Gefühlszentrum verbunden. Na, schon besser drauf?

TIPP
Stellen Sie sich einen Schminkspiegel als Lächelerinnerung neben Ihr Telefon. Immer wenn es klingelt, blicken Sie erst in den Spiegel, lächeln, halten kurz inne und nehmen dann den Hörer ab.

6. Zufriedenheit abfragen

Lobt ein Chef zu wenig, fordern Sie die Anerkennung ein. Das hat nichts mit »fishing for compliments« zu tun. Fragen Sie ehrlich, ob er mit Ihrer Leistung zufrieden war. Das gibt Ihnen neuen Drive, weil Sie souverän selbst tätig werden. Sie sind Pilot im Berufs- und Privatleben und nicht Passagier.

7. Machen Sie mal einen Punkt

Wenn's im Büro nicht auszuhalten ist, weil ein Projekt hakt oder Sie ein Kollege oder Kunde zur Weißglut bringt, nehmen Sie sich eine kurze Auszeit. Gehen Sie um den Block. Am besten wäre eine ruhige Ecke mit Bäumen oder ein Park. Wichtig ist jedenfalls: Break!

Bewegung ebenso wie Sonne und Natur zählen zur Gattung der natürlichen Antidepressiva und wirken sich aufhellend auf die Laune und die Stimmung aus wegen des Glückshormons Serotonin, das dabei ausgeschüttet wird. Es reduziert depressive Verstimmungen und Schmerzen, kurbelt Euphorie und Glücksgefühle an. Im Übrigen ist es auch der Stoff, der uns so high macht, wenn wir frisch verliebt sind …

8. Gute-Laune-Lebensmittel

Eine gesunde Ernährung ist wichtig, sonst können Menschen keine Höchstleistung erbringen. Bananen, Datteln, Nüsse und Käse sorgen durch ihre Nährstoffe für die Bildung von Glückshormonen.

9. Selbstbelohnung

> Lieben Sie, was Sie beruflich tun, und überlegen Sie, womit Sie sich nach Feierabend belohnen können.

Überlegen Sie sich, womit Sie sich nach Feierabend belohnen könnten. Mit einem schönen Essen oder einer Verabredung mit Ihrem Partner? Es gilt das Credo, mit dem Sie zwei Fliegen mit einer Klappe schlagen: »Ich liebe, was ich beruflich tue, und freue mich auf alles Schöne, was ich außerhalb der Arbeit erleben darf.«

Nach Ansicht der gängigen Glücksforschung sind eine stabile Partnerschaft und Freunde die wichtigsten Parameter (neben einem erfüllenden Job) für das Empfinden subjektiven Glücks. Danach kommen Gesundheit, selbstbestimmtes Leben, eine sinngebende Lebensphilosophie und ein Einkommen, das die Grundbedürfnisse sichert. Das liegt aktuell in Europa bei 30 000 Euro.

10. Sich selbst umarmen

Die amerikanische Forscherin Kristin Neff bezeichnet es auch als »self-compassion« (zu Deutsch: Selbstmitgefühl). Sie ist überzeugt, dass unsere seelische Ausgeglichenheit und Gesundheit davon abhängt, wie wir in schwachen Momenten über uns denken. Wer sich selbst nicht mag, dem bereitet der Alltag mehr Mühe. Das bedeutet, bei Frustattacken erst recht gut zu sich sein und sich selbst zu verwöhnen. Das stabilisiert und schenkt Kraft. Warum nicht mal nach einem Rückschlag Champagner trinken?

11. Freeze-Frame-Technik

Der amerikanische Wissenschaftler Rollin McCraty hat die Fünf-Schritte-Methode entwickelt, mit der sich Frust in positive Energie umwandeln lässt. So gehen Sie vor:

1. Halten Sie bei Frust kurz inne, und drücken Sie sozusagen mental auf eine Stopptaste.

2. Konzentrieren Sie sich kurz auf Ihr Herz. Atmen Sie in Ihr Herz und lassen Sie Energie hineinfließen.

3. Erinnern Sie sich an etwas Positives, ein schönes Gefühl.

4. Richten Sie Ihre Aufmerksamkeit auf die Herzgegend und fragen Sie sich, welche Reaktion bei gesundem Menschenverstand jetzt angebracht wäre.

5. Hören Sie auf die Antwort Ihres Herzens. Die ist meist sehr beruhigend und positiv.

Die Methode Rollin McCratys wandten Mitarbeiter der Firma Motorola sechs Monate lang an. Mit dem Ergebnis: Die Beschäftigten hatten mehr Spaß an der Arbeit, sie waren zufriedener, und die Kommunikation im Unternehmen funktionierte reibungsloser. 20 Prozent der Manager und zehn Prozent der Arbeiter waren der Meinung, sie litten nun seltener unter Nervosität, Spannungen, Wut und Angst.

12. An Vorbilder denken

Zum Beispiel an Udo Lindenberg. Er sagt: »Jeden Tag leben, als wäre es der letzte, sieben Tage die Woche!« – Das gibt Power. Aus diesem Grund trägt er einen Ring an seinem Finger, ein Geschenk von Schauspielerin Marlene Dietrich übrigens, das ihn auf die Vergänglichkeit des Lebens hinweisen soll. Vielleicht gefällt Ihnen ja auch das Motto von Larry Hagman, dem amerikanischen Schauspieler, der in 357 Folgen *Dallas* den teuflischen Bösewicht J.R. Ewing spielte. An seinem Haus in Malibu wehte eine Flagge mit der Aufschrift »Das Leben ist ein Fest!« Vielleicht ist Ihnen aber auch ein weniger trinkfestes Vorbild lieber.

13. Dankbarkeit

Jeden Tag gibt es mindestens einen Grund, dankbar zu sein. Dafür, dass Sie einen erholsamen Schlaf hatten, einem spannenden Beruf nachgehen dürfen oder einfach nur, dass Sie ein gutes Leben haben. Unser Herzrhythmus wird sehr stark von Emotionen beeinflusst. Das heißt, positive Emotionen wie Dankbarkeit, Fürsorge oder Liebe begünstigen einen harmonischen Herzrhythmus. Das hat Auswirkungen auf die Gehirnaktivität, das Immunsystem und auf unsere Stimmung. Wofür sind Sie gerade in diesen Sekunden dankbar?

> Jeden Tag gibt es mindestens einen Grund, dankbar zu sein.

Dafür bin ich dankbar ...

... im Beruf:

....

....

....

....

....

... im Privatleben:

....

....

....

....

....

14. Trinken Sie ein Glas kaltes Wasser!

Der Kältereiz lässt Sie in eine andere Richtung denken und macht munter. Auch gut, wenn Sie in einem Stimmungstief sind: Auf der Toilette kaltes Wasser über Hände und Puls fließen lassen und sich das Gesicht waschen. Das hilft in Sekundenschnelle, etwa wenn Sie bei einem Meeting keinen so guten Lauf haben und einen Gedankenwechsel brauchen.

15. Fäuste ballen

Das ist eine besonders effektive Übung, etwa auch um Nervosität vor einem Vortrag oder vor einem unangenehmen Chefgespräch abzubauen. Ballen Sie die Hände fünfmal zu Fäusten, und entspannen Sie sie wieder.

16. Bewusstes Ausatmen

Beim Ausatmen lassen wir los. Wenn wir das intensiv und vor allem bewusst machen, umso besser. In der Regel atmen wir alle zu flach und wundern uns, warum wir immer angespannter werden. Einfach mal lange (wer einen Anhaltspunkt braucht: bis sechs zählen) ausatmen, das Einatmen geschieht von selbst.

Sind Sie in Balance?

Begeistern können Sie nur, wenn Sie frisch im Kopf und hellwach sind. Nicht-Mehr-Können-Können führt zu einem destruktiven Selbstvorwurf und zur Autoaggression, Sie befinden sich permanent mit sich selbst im Krieg. Lassen Sie es gar nicht so weit kommen, und suchen Sie bewusst Auszeiten und Pausen.

Verabredungen mit sich selbst

Bauen Sie in Ihren geschäftlichen Alltag Pausen ein. Und damit meine ich nicht den Spaziergang in der Mittagspause ums Firmengebäude. Ich spreche von Pausen, die Ihr Fundament sichern. Erachten Sie diese gelegentlichen Verabredungen mit sich selbst – etwa eine Stunde Joggen, den Besuch einer Ausstellung oder ein Abendessen mit Ihrer Partnerin oder Ihrem Partner – als genauso wichtig wie ein Business-Meeting. Überprüfen Sie bei der Gelegenheit mal Ihren Terminkalender, und fragen Sie sich: Wie viel Zeit verbringe ich in der Firma, wie viel mit meiner Familie / meinen Freunden und wie viel mit mir selbst?

Meist siedelt man sich selbst auf der Prioritätenliste sehr weit unten an, anstatt sich wertschätzend wie einen guten Freund zu behandeln.

Auszeiten sind ein wichtiges Anti-Stress-Mittel, um fit und begeisterungsfähig zu bleiben. Sie sorgen zusätzlich dafür, dass wir abseits des Büros Anregung und überraschende Ideen finden. Hören Sie deswegen wieder stärker auf Ihren Bauch, diesen feinen Seismografen, der Ihnen sagt, wann es genug ist, wann Sie eine Pause brauchen. Mit diesem Rückzug tanken Sie wieder Kraft und Schwung. Vielen Leistungsträgern fällt dieser Schritt schwer. Dazu der Management-Coach und Zen-Meister Paul Kohtes: »Wer sehr engagiert arbeitet, erfährt sein Bedürfnis nach mehr Balance leicht als persönliche Schwäche. Zusätzlich blockieren ihn die Erwartungen, die das berufliche Umfeld an ihn stellt. Ebenso wie die seines Selbstbilds, das in hohem Maße von Leistung dominiert ist.«

Planen Sie Verabredungen mit sich selbst ein, und nehmen Sie diese Termine genauso ernst wie ein Business-Meeting.

Laut einer Studie der von Kohtes gegründeten Düsseldorfer Identity Foundation unter 200 Führungskräften gaben 89 Prozent der Befragten an, der Reiz ihrer Position liege in neuen Herausforderungen und im Erbringen außerordentlicher Leistungen. »Sie selbst legen also die Messlatte sehr hoch, und die Haltung ›Ich leiste, also bin ich‹ wird zum unausgesprochenen Lebensmotto«, kommentiert Kohtes. Nach persönlichen Sinnressourcen befragt, gaben 66 Prozent der Studienteilnehmer an, ihren Lebenssinn aus ihren beruflichen Erfolgen zu ziehen, und fanden, dass ihre aktuelle Tätigkeit etwas mit Berufung zu tun hätte. Gut ein Drittel meinte gar, ihre Haltung zur Arbeit sei durch eine transzendente Dimension mitgeprägt.

Sich einzugestehen, dass Beruf, Leistung und äußerer Erfolg nicht alles im Leben sind, fällt vielen Führungskräften schwer. Bei einer Umfrage bekennen sogar 48 Prozent, dass im Konfliktfall private Wünsche und Erwartungen hinter den beruflichen Ansprüchen zurückstehen müssen. Allerdings räumen auch 67 Prozent der Befragten ein, dass das Leben an einem vorbeiziehen würde, wenn man zu viel arbeite. Es ist gerade für Top-Leister wichtig zu erkennen, dass man, auch wenn einem der Job noch so viel Freude macht, sein Selbstbewusstsein nicht ausschließlich aus beruflichen Erfolgen zieht; damit macht man sich zu sehr von diesen abhängig, und im Leben gibt es schließlich noch ein paar andere Bereiche wie Familie, Partner, Freunde, Hobbys, Reisen, soziales Engagement, die ebenfalls Sinn schenken und ein wichtiges Gegengewicht zum Job darstellen.

Was gibt Sinn?

Haben Sie sich schon mal diese Frage gestellt? Auch Professor Tatjana Schnell von der Universität Innsbruck hat das getan. Sie hat gar 26 Quellen für Sinnsuchende erarbeitet und diese in fünf Dimensionen zerlegt (entnommen aus *Focus*, 07/14). Damit können Sie alle Facetten dieser großen Frage abklopfen:

1. Dimension: Geistige Orientierung
- Religiosität
- Spiritualität

2. Dimension: Verantwortung
- soziales Engagement
- Naturverbundenheit
- Selbsterkenntnis
- Gesundheit
- Schaffen von bleibenden Werten

3. Dimension: Selbstverwirklichung
- Suche nach Herausforderungen
- Individualität
- Machtbewusstsein
- Zielstrebigkeit und Wachstum
- Kompetenz und Erfolg
- Freiheit und Ungebundenheit
- Wissen, Hinterfragen, Verstehen
- Kreativität

4. Dimension: Wir- und Wohlgefühl

- Freundschaft und menschliche Nähe
- Spaß
- Liebe
- Wellness
- Hilfsbereitschaft
- Achtsamkeit und Ritual
- Harmonie mit sich und anderen

5. Dimension: Ordnung

- Tradition
- Bodenständigkeit
- Moral
- Vernunft

Klammern Sie die Sinnfrage nicht aus Ihrem Leben aus, und stellen Sie den Job, auch wenn er Ihnen große Freude bereitet, nicht ausnahmslos in den Mittelpunkt. Sie beschränken sich dadurch selbst und berauben sich Ihrer Freiheit.

Selbst Björn Engholm hat sich als Bundesminister und später als Ministerpräsident von Schleswig-Holstein trotz seines fordernden Büroalltags immer wieder Auszeiten gegönnt und stand dazu.

Abends hieß es für Engholm »Schluss für heute!«, dann zog er sich Jeans und Rollkragenpullover an und besuchte Ausstellungen und Konzerte oder traf sich mit Freunden und Künstlern, um »in anständigen Kneipen auch mal ordentlich einen reinzuhauen«, wie das Nachrichtenmagazin *Der Spiegel* ihn zitiert. Heute berät der Ex-Politiker Personalvorstände und Manager: Er habe stets darauf geachtet, dass sich sein Leben nicht nur um den Beruf drehe, so Engholm. Fragt er bei Vorstellungsgesprächen junge Bewerber, was sie zuletzt im Theater gesehen, welches Buch sie gelesen haben oder ob sie sich sozial engagierten, ist »keine Zeit« häufig deren Antwort, erklärt er erstaunt. Warum er danach fragt? Weil genau diese Auszeiten uns leistungsstark bleiben lassen und unsere Kreativität er-

> Auszeiten lassen uns leistungsstark bleiben und erhöhen unsere Kreativität.

höhen. Daher Engholms Rat: »Die Leute müssen wieder lernen, dass ihr Zugang zur Welt nicht allein das Internet ist, sondern die Summe ihrer fünf Sinne: sehen, hören, riechen, schmecken, tasten.« Wer das lebt, verliert auch das Fühlen nicht, das vielen Kopfarbeitern im Büroalltag oftmals abhandenkommt und sie blind für sich selbst und ihre Umwelt macht.

Werfen Sie nichts von sich weg

Sie haben früher leidenschaftlich gerne in Ihrer Freizeit in einer Band gespielt, haben diese Passion aber Ihrer Karriere geopfert? Oder haben mal Essays oder Gedichte geschrieben? Reaktivieren Sie alte Leidenschaften und bringen Sie sie mit der Jetztzeit zusammen! Verabreden Sie sich spontan mit Ihren alten Musikerkumpels und beobachten, wie sich die Bandabende plötzlich auf Ihre Motivation auswirken. Im Gehirn entstehen neuen Synapsen, es werden neue Verbindungen hergestellt.

Zweiter Schreibtisch

Warum ausschließlich im Büro arbeiten? Herausgelöst aus dem üblichen Büroumfeld findet man oft die ungewöhnlichsten Ideen. Nicht nur Wolfgang Jassner, Geschäftsführer der Unterwäschemarke Bruno Banani, greift auf diesen Denkluxus zurück, auch manche amerikanische Topmanager tun dies. Zum Nachdenken und Arbeiten können Sie auch in das Foyer eines Hotels gehen, auf eine Parkbank oder in eine Bibliothek. Das Unternehmen Lifestyle Yachting am Starnberger See in der Nähe von München bietet auf Nachfrage »Business on board« an. Ein erfahrener Skipper fährt mit Ihnen aufs Wasser, schweigt ausgiebig, und Sie können in aller Ruhe auf dem Bugsofa ungestört Ihre Arbeit erledigen oder Business-Meetings abhalten. Mehr Infos unter www.lifestyle-yachting.de.

Vergessen Sie nicht:

Gute Ideen festhalten, denn Gedankenblitze sind flüchtig. Deshalb: aufschreiben! Entweder in einem Ideenbuch oder in einem digitalen Ordner.

Manchmal gibt es zu Hause Plätze, an denen Sie immer wieder gute Ideen kreieren. Etwa vor dem Einschlafen. Deponieren Sie auf dem Nachttischkästchen Zettel und Stift. Denn wer federt in einem solchen Moment schnell noch mal aus dem Bett, um den Gedanken aufzuschreiben? Machen Sie es sich auch hier so einfach wie möglich.

Ohne Bewegung keine Begeisterung!

Körperliche Aktivität regt den Kreislauf an und sorgt für gute Laune, wir können wieder klarer denken. Bewegung hilft, Stresshormone abzubauen, und das ist gerade für Büroarbeiter, die viele Stunden in unnatürlicher Haltung vorm Computer verbringen, unheimlich wichtig.

Was passiert bei Stress, den jeder von uns im Job hat? Es werden Stresshormone ausgeschüttet, die den Körper in Alarmbereitschaft versetzen. Die natürliche Reaktion darauf wäre Angriff oder Flucht. Doch weil die meisten von uns bei diesen Stressattacken am Schreibtisch sitzen, passiert nichts dergleichen. Bei Stress greifen wir weder an, noch fliehen wir – es sei denn, der Flieger oder Zug muss schnell noch erreicht werden. Ansonsten bewegen wir uns in Alarmsituationen nicht. Wir lassen den Stress in unseren Körper fahren und leiten das entstandene Energiepotenzial nicht ab. Weil die körpereigenen Starkmacher nicht abgebaut werden, sammeln sie sich an und schädigen – je mehr Stress wir haben – unsere Gesundheit. Wir implodieren förmlich.

> Nutzen Sie alltägliche Gelegenheiten, um sich zu bewegen. Es gilt: Treppe statt Aufzug!

Wer sich dagegen regelmäßig bewegt, durchbricht diesen Kreislauf. Also: Versuchen Sie, so oft Sie die Möglichkeit dazu haben, zu Fuß zu gehen oder Treppen zu steigen. Am besten ist es natürlich, regelmäßig mindestens dreimal die Woche etwas Bewegung in Ihren Alltag einzubauen, und wenn es nur ein Spaziergang in die Arbeit ist. Der Rat der Experten: 30 Minuten am Tag reichen; und statt den Lift zu benutzen, Treppen steigen, mittags um den Block spazieren oder noch besser: regelmäßigen Ausdauersport betreiben. Bewegung ist nicht nur nützlich, um Stress abzubauen, sondern auch, weil wir dadurch erwiesenermaßen leichter Lösungen zu Problemen finden.

Die richtige Ernährung

Ihr Auto bekommt Super Plus? Und Sie? Auch wenn die Deutsche Gesellschaft für Ernährung rät, Kohlenhydrate zu essen, sieht Präventivmediziner Dr. Michael Spitzbart das anders. Statt viele Kohlenhydrate zu sich zu nehmen, sollten Obst, Gemüse und eiweißreiche Mahlzeiten den Sockel unserer Ernährung bilden, so sein Rat.

Denn das Problem bei den Kohlenhydraten sei: Wir verbrennen am Schreibtisch viel zu wenig Energie, und nicht verbrannte Kohlenhydrate würden größtenteils in Fett umgewandelt. Daher: Weißes Mehl, etwa Brötchen und Baguette, ebenso Kartoffeln, weißen Reis und Nudeln meiden! Wenn Sie Kohlenhydrate essen, wählen Sie Vollkorn, Wildreis und die pflanzlichen Eiweißlieferanten Linsen und Bohnen. Beim Abendessen sollten Sie ganz auf diese Sättigungsbeilagen verzichten. Insbesondere wenn Sie vom Schreibtisch und nicht vom Joggen kommen. Weil die überschüssigen Kohlenhydrate abends besonders schnell in Fett umgebildet und unter anderem in der Leber zwischengelagert werden. Nach und nach entsteht daraus die sogenannte Fettleber, so Spitzbart.

> Essen Sie dreimal täglich – und achten Sie darauf, Ihren Speiseplan gesundheitsfördernd zu gestalten.

Weiterhin sollten wir dreimal täglich, also morgens, mittags und abends essen und auf eiweißreiche Ernährung achten. Vor allem gehirnaktive Aminosäuren wie Phenylalanin, Tryptophan und Tyrosin dürfen auf dem Speiseplan nicht fehlen. Diese sind insbesondere in Ei- und Molkeprodukten enthalten, in Vollkornprodukten, Linsen, Bohnen, Bananen, Erdnüssen oder Emmentaler und Parmesan. Meiden Sie alle Fette, die bei Raumtemperatur fest sind, und bevorzugen Sie stattdessen Omega-3-Fettsäuren in Rapsöl, Walnuss- oder Leinöl.

Und versorgen Sie sich mit dem »Salz der inneren Ruhe«, mit Magnesium, wenn Sie viel um die Ohren haben. Fehlt Hochleistungssportlern – oder Hochleistungsarbeitern wie Ihnen – Magnesium, kommt es zu Herzrasen, Nervosität, Unruhe, Schlafstörungen, nächtlichen Wadenkrämpfen oder auch zu Tinnitus. Zusätzlich werden Stresshormone wie Adrenalin bei einem Mangel von Magnesium ausgeschüttet. Spitzbart empfiehlt: 100 Milligramm Magnesiumcitrat pro Kapsel, dreimal täglich, das verhindere nach Meinung des Mediziners einen stressbedingten Magnesiumabbau und helfe, dass Sie begeistert und selbstmotiviert an die Arbeit gehen können.

Guter Schlaf ist Gold wert

Es gibt kein besseres Entspannungsmittel als Schlaf. Vor allem der Tiefschlaf ist wichtig, da wir hier, in diesem Alpharhythmus, unseren Akku am besten aufladen und unseren Geist am besten erfrischen können. Und: Der Schlaf vor Mitternacht zählt doppelt. In diesen ersten Nachtstunden werden vermehrt verjüngende Hormone ausgeschüttet. Danach wird der Schlaf oberflächlicher. Also: Je früher Sie zu Bett gehen, desto besser.

Gönnen Sie sich vor dem Zubettgehen eine Ruhepause von mindestens einer halben Stunde, denn ohne Entspannung kein Schlaf! Hören Sie Musik, lesen Sie, gehen Sie spazieren, und lassen Sie in jedem Fall den Fernseher aus. Das heißt auch, nicht bis zum Anschlag zu arbeiten. Auch wer nach 20 Uhr Sport treibt, pusht seinen Körper zu sehr auf.

Können Sie wegen der vielen Gedanken, die Ihnen durch den Kopf geistern, nicht gleich einschlafen, schreiben Sie diese auf oder machen Sie eine To-do-Liste. Das hilft dabei, die störenden Gedanken loszuwerden. Und: Stehen Sie jeden Morgen zur gleichen Zeit auf, auch am Wochenende, das sorgt für einen optimalen Schlafrhythmus.

Power-Nap – das Leistungsnickerchen

Da wir nachmittags zwischen 13 und 14 Uhr in ein ähnliches Leistungstief fallen wie zwischen drei und vier Uhr morgens, raten Schlafexperten zu einem Nickerchen. Durch eine kurze Siesta von bis zu 30 Minuten kann sich der Organismus schnell erholen. Außerdem verbessert ein regelmäßiger Mittagsschlaf den allgemeinen Gesundheitszustand, das Erinnerungsvermögen, die psychische Verfassung und besitzt eine enorme Schubkraft für neue Ideen. Amerikanische Firmen machen es vor und gestatten ihren Mitarbeitern, im Büro zu schlafen. Wegen des Leistungskicks stellte etwa Gould Evans Goodman Associates, ein großes Architekturbüro in Kansas City, in einem leeren Raum Zweimannzelte für seine Mitarbeiter auf. Auch Nike gewährt seinen Mitarbeitern Schlaf, und der petrochemische Konzern Nova besorgte für seine Schichtarbeiter gar Liegestühle. Bei Ermüdungserscheinungen können sich die Arbeiter darauf ausruhen. Besser: Sie werden sogar von der Geschäftsleitung dazu aufgefordert.

Auch Management-Berater James Maas rät seinen Klienten – Verantwortungsträgern bei IBM, Pepsi oder Pizza Hut – zum kreativen Mittagsschlaf. Denn laut NASA und Harvard-Studien kann die mittägliche Ruhepause die Produktivität um bis zu 34 Prozent erhöhen.

Experten haben ausgerechnet, dass Mitarbeiter, die ein Nickerchen machen, amerikanischen Firmen 17 Millionen US-Dollar an verloren gegangener Produktivität kosten. Allerdings würde es ganze 140 Millionen US-Dollar ausmachen, wenn sie bei der Arbeit müde wären und sich nicht recht konzentrieren könnten. Vielleicht dienen Ihnen diese Zahlen als Anregung, eine kreative Auszeit auch in Ihrem Unternehmen anzubieten? Und wenn Sie von den Kollegen schräg von der Seite angesehen werden: Konrad Adenauer, Helmut Kohl, Hans-Dietrich Genscher, Jacques Chirac, Margaret Thatcher, Winston Churchill, Albert Einstein, Victor Hugo und Thomas Mann schliefen tagsüber, ebenso wie Johannes Brahms und Salvador Dalí. Auch die meisten US-Präsidenten waren bekennende Mittagsschläfer.

Vision ohne Aktion = eine Illusion

Sie wollen sich selbst zum Fan machen? Gut zu sich selbst sein? Dann ist jetzt der Zeitpunkt gekommen, an dem Sie ins Handeln kommen müssen. Aus diesem Grund sollten Sie einen Fahrplan entwickeln, wie Sie ab sofort mit dem Thema »Begeisterung« umgehen wollen. Nur so schaffen Sie es, den unliebsamen Schweinehund zu besiegen, der es Ihnen bislang nicht erlaubt, wirklich begeistert zu leben. Beginnen Sie mit kleinen Schritten, indem Sie sich gleich für diese Woche drei Ziele überlegen: eines, das dafür sorgt, dass Sie fit bleiben (zum Beispiel: Treppe statt Aufzug), eines, das Ihre frisch geweckte Neugierde stillt (Museumsbesuch), und ein drittes, vielleicht die Erstellung Ihres ganz persönlichen Radiospots (Ihre Stärken, Selbst-PR).

Nutzen Sie bei der Umsetzung die beflügelnde Kraft eines Zielfotos. Das heißt, Sie sollten, wenn Sie Ihren Begeisterungsplan aufstellen, bereits das Endziel vor Augen haben. Davon werden Sie magisch angezogen. Die Technik des mentalen Programmierens nutzen Spitzensportler schon seit Jahren: Der ehemalige Tennis-Star Boris Becker sagte einmal in einem Interview: »Gewonnen und verloren wird zwischen den Ohren.« Das heißt, Topathleten stimmen sich vor einem Spiel auf ihr Ziel ein und erträumen sich die Bilder so, wie sie sie gerne hätten. In ihrem Zielbild sehen sie sich mental gewinnen. Das bedeutet, das Unterbewusste denkt darüber nach, wie es in den Wettkampf zu gehen hat, um das Ziel zu erreichen.

Programmieren auch Sie sich mental wie ein Profi. Je farbgetreuer, genauer und emotional aufgeladener dieses Zielfoto ist, desto besser. Das Unterbewusste versteht keine Sprache, nur Bilder. Ziele müssen in starke Bilder übersetzt werden. Überlegen Sie, wie Sie es die nächsten sechs Wochen schaffen, mehr Begeisterung in Ihr Leben zu bringen. Notieren Sie drei Begeisterungs-To-dos für Ihre wöchentliche Agenda. Denn, so der Wissenschaftsjournalist und ehemalige Redenschreiber von US-Vizepräsident Al Gore, Daniel Pink: »Das Geheimnis unseres persönlichen Erfolges ist das zutiefst menschliche Bedürfnis, unser Leben selbst zu bestimmen, zu lernen, Neues zu erschaffen.« Begeisterung ist eine Philosophie, eine Lebensauffassung.

Die glorreichen Sieben – Mental-Switches

Raus aus der Motivationsdelle! Die Mental-Switches zeigen Ihnen, wie Sie sich effektiv in einen positiven Zustand versetzen können.

1. Das Gute annehmen können
2. Gelassenheit
3. Was Sie ärgert, bringt Sie weiter.
4. Sich auf einen Lebensmentor stützen
5. Stolz auf sich sein
6. Was Sie beruflich tun, tun Sie freiwillig!
7. Überwinden Sie lähmende Selbstzweifel!

Selbstbegeisterung: Wecken Sie die Neugier in sich!

Erweitern Sie Ihren Horizont, und lassen Sie sich auf Neues ein. Inspirierendes finden Sie:

- an kulturellen Schnittstellen,
- durch inspirierende Geister,
- indem Sie neue Welten erkunden,
- indem Sie in andere Sphären eintauchen,
- indem Sie an Grenzen gehen,
- indem Sie mit Gewohnheiten brechen und
- indem Sie sich Zukunftswelten erschließen.

16 Quicktipps zur schnellen Selbstmotivation:

1. Holen Sie sich die Power von Musik!
2. Aufrechte Haltung! Die Körperhaltung trägt entscheidend dazu bei, wie Sie sich fühlen.
3. Unangenehmes zuerst!
4. Jemanden anrufen. Reden tut gut!
5. Lächeln: Die Mimik ist direkt mit Ihrem Gefühlszentrum verbunden.

6. Zufriedenheit abfragen
7. Machen Sie mal einen Punkt beziehungsweise eine Pause.
8. Gute-Laune-Lebensmittel – Bananen, Datteln, Nüsse und Käse – sorgen für die Bildung von Glückshormonen.
9. Selbstbelohnung: »Ich liebe, was ich beruflich tue, und freue mich auf alles Schöne, was ich außerhalb der Arbeit erleben darf.«
10. Umarmen Sie sich selbst: Trinken Sie Champagner nach einem Rückschlag!
11. Freeze-Frame-Technik: Verwandeln Sie in Sekundenschnelle Frust in positive Energie.
12. Denken Sie an Ihre Vorbilder.
13. Dankbarkeit: Wofür sind Sie jetzt gerade besonders dankbar?
14. Trinken Sie ein Glas kaltes Wasser: Der Kältereiz lässt Sie in eine andere Richtung denken.
15. Fäuste ballen – die Anspannung aus dem Körper pumpen
16. Bewusstes Ausatmen. Mit dem Ausatmen lassen wir los.

Sind Sie in Balance?

- Sichern Sie Ihr Fundament, indem Sie sich um sich selbst und Ihr Privatleben kümmern.
- Klammern Sie die Sinnfrage nicht aus Ihrem Leben aus.
- Werfen Sie nichts von sich weg! Reaktivieren Sie alte Leidenschaften, und bringen Sie sie mit der Jetztzeit zusammen.
- Zweiter Schreibtisch: Außerhalb des üblichen Büroumfeldes finden Sie oft ungewöhnliche Ideen.
- Ohne Bewegung keine Begeisterung!
- Die richtige Ernährung: Ihr Auto bekommt Super Plus? Und Sie?
- Guter Schlaf ist Gold wert.

Vision ohne Aktion bleibt eine Illusion
Kommen Sie ins Handeln! Entwickeln Sie einen Fahrplan, wie Sie ab sofort mit dem Thema »Begeisterung« umgehen wollen.

Dank

Vielen Dank an alle, die mich bislang auf meinen Etappen begleiteten und die einen großen Anteil daran haben, dass ich das machen darf, was ich am besten kann: Menschen begeistern. Vielen Dank Hilmar Wollner, Dr. Robert Breuer, Eberhard Schnell, Prof. Dr. Dr. h. c. Martin Schieg, Klaus Stäringer und Rainer Anton Aigner. Danke, dass es Euch gibt, und danke für Eure Ratschläge, Ihr seid wunderbar. Danke an alle, die mich kritisiert und damit besser gemacht haben, auch wenn mir das Feedback anfänglich natürlich meist nicht geschmeckt hat (zur Erinnerung: Ich bin Sternzeichen Löwe). Vielen Dank an Christine Koller, die mir beim Schreiben dieses Buches eine tolle Ideengeberin und Sparringspartnerin war. Vielen Dank an Ute Flockenhaus von GABAL, die sofort Feuer und Flamme war, als sie das Exposé von *Das Geheimnis der Begeisterung* in ihren Händen hielt, und vielen Dank an meine Lektorin Eva Gößwein. Danke an Sabine, die mir alle Freiheiten lässt, die ich brauche, um ein selbstbestimmtes Leben führen zu können, L-O-V-E. Ein besonderes Dankeschön geht an Antenne Bayern. Danke, dass ich nicht nur seit mehr als zwei Jahrzehnten als Journalist und Moderator an dieser beispiellosen Erfolgsstory mitschreiben darf, sondern in all den Jahren auch unheimlich viel über die Bedeutung von Kommunikation und Humor sowie die Macht der Sprache lernen durfte.

Das Geheimnis der Begeisterung – dieses Buch soll nicht mit einem Thema abschließen, sondern es aufschließen.

München im Herbst 2014

Literaturverzeichnis

Baumgartner, Paul Johannes: *Begeistere und gewinne!*, München: G+U 2009.

Belitz, Charlene / Lundstrom, Meg: *The Power of Flow*, New York: Random House 1998.

brand eins Wirtschaftsmagazin: *Schwerpunkt Loyalität*, Ausgabe 05/2012.

Cicero, Q. Tullius: *Tipps für einen erfolgreichen Wahlkampf*, Stuttgart: Reclam 2013.

Csíkszentmihályi, Mihály: *Flow – Das Geheimnis des Glücks*, Stuttgart: Klett-Cotta 2008.

Csíkszentmihályi, Mihály: *Kreativität – wie Sie das Unmögliche schaffen und Grenzen überwinden*, Stuttgart: Klett-Cotta 1997.

Die Zukunft des Konsums, Kelkheim: Zukunftsinstitut, 2014.

Flow Magazin, *Es gibt immer ein nicht mehr und ein noch nicht im Leben*, Ausgabe 01/2013.

Focus Nachrichtenmagazin: *Siegen*, Ausgabe 23/2012.

Focus Nachrichtenmagazin: *Sinn*, Ausgabe 07/2014.

Fournier, Cay von: *Exzellenz im Mittelstand: Inspiration führender Experten und Unternehmer für wirksame Führung und erfolgreiches Management*, Wien: Linde 2010.

Gertner, Jon: *The Idea Factory*, London: Penguin 2013.

Goleman, Daniel: *Focus – The Hidden Driver of Excellence*, New York: Harper 2013.

Gouthier, Matthias: *Kundenbegeisterung durch Service Excellence*, Berlin: Beuth Verlag 2013.

Han, Byung-Chul: *Müdigkeitsgesellschaft*, Berlin: Matthes & Seitz 2010.

Harvard Buisness Manager: *Spezial Motivation*, Ausgabe 04/2003.

Harvard Business Manager: *Der fokussierte Manager*, Ausgabe 02/2014.

Harvard Business Review: *A Great Place To Work*, Ausgabe 01/02/2014.

Kleon, Austin: *Steal like an artist*, New York: Workman Publishing 2012.

Koller, Christine / Mol, Katarzyna (Hrsg.): *In mir steckt noch viel mehr*, München: Kösel 2011.

Koller, Christine: *Inspiration – jetzt!*, München: mvg 2008.

Maclean, Norman: *A River Runs Through It and Other Stories*, Macmillan Publishers Ltd; New edition (8. April 1993).

Markt, Roswitha van der: *Das Ich-will-mehr-Prinzip – Auf dem Weg zu einer neuen Leistungskultur*, Wiesbaden: Springer Gabler 2013.

Motivations-Check, Bonn: Verlag für Recht und Führung 2002.

Posner, Astrid: *Die smarte Art, sich durchzusetzen – Statusspiele erkennen und für sich entscheiden*, München: Kösel 2013.

Psychologie heute Magazin, *Sei nachsichtig mit dir.* Ausgabe 09/2011.

Salestrends, Kelkheim: Zukunftsinstitut 2013.

Schmid, Virgil: *Spielend verkaufen – Wie Sie Ihre Kunden mit originellen Ideen begeistern*, München: Redline 2013.

Sinek, Simon: *Frag immer erst: Warum – Wie Topfirmen und Führungskräfte zum Erfolg inspirieren*, München: Redline 2014.

Spiegel Magazin: *Zaubertrank der Zuversicht*, Ausgabe 01/2012.

Spitzbart, Michael: *Erschöpfung und Depression: Wenn die Hormone verrücktspielen*, München: Kösel 2012.

Stern Magazin: *Glücklich im Job*, Ausgabe 06/2014.

Tominaga, Minoru: *Die kundenfeindliche Gesellschaft – Erfolgsstrategien für Dienstleister*, Berlin: Econ 1998.

Personen- und Stichwortverzeichnis

Über den Autor

Paul Johannes Baumgartner zählt zu den angesehensten Smart-Selling-Experten in Führung, Marketing und Vertrieb. Er ist leidenschaftlicher Vortragsredner, Seminartrainer und Publizist. Darüber hinaus geht er bei Antenne Bayern, Deutschlands erfolgreichster Radiostation, einer weiteren großen Leidenschaft nach – dort begeistert er seit über 20 Jahren als Primetime-Moderator über 1 Million Hörer pro durchschnittliche Sendestunde.

Frisch, motivierend und persönlich rüttelt er in seinen Vorträgen und Workshops zu den Themen Kunden- und Mitarbeiterbegeisterung, die Macht der Stimme und Begeisternd Präsentieren sein Publikum auf. Lachen und nachdenken soll es und diese Begeisterung an andere weitergeben. Das Feedback jedes Mal: Mission gelungen.

Paul Johannes Baumgartner lebt, was er lehrt, und rüttelt an Gewohnheiten. Er hält den Spiegel vor, bringt altes Denken zum Entgleisen, provoziert, motiviert, reißt mit – und begeistert.

www.pauljohannesbaumgartner.de

Kompetentes Basiswissen für Ihren beruflichen & privaten Erfolg

Jürgen Kurz
Für immer aufgeräumt – auch digital
ISBN 978-3-86936-561-9
€ 19,90 (D) / € 20,50 (A)

Steffen Ritter
Verkaufen kann von selbst laufen
ISBN 978-3-86936-559-6
€ 19,90 (D) / € 20,50 (A)

Sabine Krueger
Sprachen leichter lernen
ISBN 978-3-86936-560-2
€ 19,90 (D) / € 20,50 (A)

Thorsten Jekel
Digital Working für Manager
ISBN 978-3-86936-521-3
€ 19,90 (D) / € 20,50 (A)

Barbara Messer
Das schaffst du schon
ISBN 978-3-86936-523-7
€ 19,90 (D) / € 20,50 (A)

Josef W. Seifert
Visualisieren Präsentieren Moderieren
ISBN 978-3-86936-240-3
€ 19,90 (D) / € 20,50 (A)

Anita Hermann-Ruess
Emotionale Rhetorik
ISBN 978-3-86936-562-6
€ 19,90 (D) / € 20,50 (A)

Johannes Stärk
Assessment-Center erfolgreich bestehen
ISBN 978-3-86936-184-0
€ 29,90 (D) / € 30,80 (A)

Alle Titel auch als E-Book erhältlich
Weitere Informationen finden Sie unter www.gabal-verlag.de

Innovative Themen und frische Impulse für Business, Erfolg & Leben

Sylvia Löhken
Intros und Extros
ISBN 978-3-86936-549-7
€ 24,90 (D) / € 25,60 (A)

Sháá Wasmund, Richard Newton
Nicht reden, machen!
ISBN 978-3-86936-551-0
€ 22,90 (D) / € 23,60 (A)

Anne M. Schüller
Das Touchpoint-Unternehmen
ISBN 978-3-86936-550-3
€ 29,90 (D) / € 30,80 (A)

Markus Väth
Cooldown
ISBN 978-3-86936-514-5
€ 19,90 (D) / € 20,50 (A)

Dominic Multerer
Marken müssen bewusst Regeln brechen, um anders zu sein
ISBN 978-3-86936-512-1
€ 24,90 (D) / € 25,60 (A)

Rob Symington, Dom Jackman, Mikey Howe
Das Escape-Manifest
ISBN 978-3-86936-554-1
€ 24,90 (D) / € 25,60 (A)

Peter Brandl
Hudson River
ISBN 978-3-86936-509-1
€ 24,90 (D) / € 25,60 (A)

Jumi Vogler
Was der Humor für Sie tun kann, wenn in Ihrem Leben mal wieder alles schiefgeht
ISBN 978-3-86936-548-0
€ 14,90 (D) / € 15,40 (A)

Bei uns treffen Sie Gleichgesinnte ...

... weil sie sich für **persönliches Wachstum** interessieren, für **lebenslanges Lernen** und den Erfahrungsaustausch rund um das Thema Weiterbildung.

... und Andersdenkende,

weil sie aus unterschiedlichen Positionen kommen, unterschiedliche Lebenserfahrung mitbringen, mit unterschiedlichen Methoden arbeiten und in unterschiedlichen Unternehmenswelten zu Hause sind.

Das nehmen Sie mit:

- Präsentation auf den GABAL Plattformen (GABAL-impulse, Newsletter und auf www.gabal.de) sowie auf relevanten Messen zu Sonderkonditionen

- Teilnahme an Regionalgruppen-veranstaltungen und Kompetenzteams

- Sonderkonditionen bei den GABAL Impulstagen und Veranstaltungen unserer Partnerverbände

- Gratis-Abo der Fachzeitschrift wirtschaft + weiterbildung

- Gratis-Abo der Mitgliederzeitschrift GABAL-impulse

- Vergünstigungen bei zahlreichen Kooperationspartnern

- u.v.m.

Auf unseren Regionalgruppentreffen und Impulstagen entsteht daraus ein **lebendiger Austausch**, denn wir entwickeln gemeinsam **neue Ideen**. Dadurch entsteht ein **Methodenmix** für individuelle Erlebbarkeit in der jeweiligen Unternehmenswelt.

Durch Kontakt zu namhaften Hochschulen erhalten wir vom Nachwuchs spannende Impulse, die in die eigene Praxis eingebracht werden können.

Neugierig geworden? Informieren Sie sich am besten gleich unter:

www.gabal.de/leistungspakete.html

GABAL e.V.
Budenheimer Weg 67
D-55262 Heidesheim
Fon: 06132/5095090,
Mail:info@gabal.de